溫度的正義

全球沸騰時代
該如何消弭
升溫所造成的各種不公？

國立成功大學建築學系特聘教授
林子平 著

目錄

各界推薦

　　「新溫度時代」真的來臨了！本書從每個人日常會接觸到的物理量——溫度談起，雖然你我每日刷牙洗臉感受不出「全球變遷」溫度改變的影響，但如書中所言，「溫水煮青蛙，我們愈來愈習慣這種不尋常的高溫。」怎麼辦呢？作者從陸地到海洋及個人調適、產業衝擊、政策實踐等面向深入淺出地說明因應之道，是一本值得大家細細品味的絕佳知識寶典。

——國立臺灣海洋大學環境生物與漁業科學學系

特聘教授兼副校長　李明安

　　「涼爽的溫度」居然可以被販賣！在子平老師科幻式的豐富想像力筆下，描繪在溫度不公正的未來情境，引領我們正視應有的溫度正義轉型。就個人調適、產業衝擊、政策實踐三章，從多方科學研究與實證鋪陳增溫衝擊與對個人及產

業危害，並提出回應溫度冷卻行動倡議應有的調適解方，論述簡潔、清晰，發人深省。

——國立中央大學大氣科學學系教授　林能暉

看到「溫度的正義」一詞，正中當今「氣候暖化」的下懷，就知道子平已經進入「出神入化、庖丁解牛」的境界了。

「溫度的正義」是讓人秒懂「氣候暖化」的關鍵詞，因此我知道它一定會熱賣，且讓子平更上一層樓。

我近半世紀闖蕩建築界，深知做為一個教授應有的社會責任，除了自己一生寫了近百篇論文、數十本工程學術專書之外，也常告誡年輕教授不要固守過去偏狹的學位研究知識，而要不斷學習新知，著書立說以回饋這塊土地。

記得子平很早就升等教授，我曾勉勵他說：升教授之前，不得不遷就升等制度迎合評審做研究，但升教授之後，切忌在自己原有的研究圈內取暖，而應該海闊天空拓展自己的視野與興趣，善盡社會責任為這塊土地與人民做研究，也應該寫一些科普教科書啟發年輕人視野才好。這勉勵是我一生的守則，已被子平所突破超越。

欣見子平的都市氣候相關新書熱賣、都市熱島研究影響

都市政策、良善的影響力日漸成形，子平已成為一個理性科學的建築政策意見領袖。我誤人子弟四十年，在今告別建築生涯之際，看了《溫度的正義》一書，終於可下車而毫無懸念了。

──國立成功大學建築學系講座教授　林憲德

　　《溫度的正義：全球沸騰時代該如何消弭升溫所造成的各種不公？》是一本扣人心弦且充滿啟發性的書。透過深入淺出的敘述和詳實的科學數據，作者林子平教授帶領我們揭示氣候變遷如何加劇社會的不平等，並提出解決方案來實現溫度正義。書中詳細闡述了全球、個人、產業及政策層面的挑戰與機會，並強調了綠化、節能建築，及再生能源在減少溫室氣體排放中的關鍵角色。

　　這不僅是一部環境科學的論述，更是一場心靈的洗禮，喚醒我們對於地球與未來世代的責任感與使命感。書中強調每一個個體、社群和國家在對抗氣候變遷中的角色與責任，並提出切實可行的解決方案，從綠色能源到政策改革，無不為我們指引出一條通往公正與永續的道路。

　　閱讀此書，彷彿聽見地球深沉的呼喚，讓我們重新思考並激發出對抗氣候危機的決心與行動力。這是一本值得每一

位關心地球永續發展的讀者珍藏與反覆閱讀的寶貴書籍。

——國立中興大學森林學系特聘教授　柳婉郁

這是一本在面對新溫度時代，從全球、個人、產業與政策不同面向，探討個人如何自處，以及如何實現溫度正義的深入淺出專著。

——國立臺灣師範大學地理學系教授　洪致文

2015年1月16日，美國NASA及NOAA同時發布2014年是自1880年開始有氣象紀錄以來最熱的一年；然而10年過去，地球的溫度年年破紀錄，舒適涼爽成為珍貴的期待！

我從未認真想過熱，直到子平提出熱舒適概念，建立全球第一個「亞熱帶／熱帶區人體熱舒適溫度範圍」，完整調查建置空氣溫度、相對溼度、風速、輻射（陽光）等各項指標資料庫，我才豁然了解這個學問大。

《溫度的正義》是子平的第三本書，他沿用McCauley教授提出的分配、識別及程序等三項正義原則，探討氣候變遷造成的各種影響，正視溫度的正義更有助於降溫減碳。書中所提水綠降溫，通風散熱，遮蔭涼適，建築節能以及資訊公

開等，無疑地是解熱良方。

新溫度時代來臨，面對高溫威脅，要有「居熱思涼」的積極行動。而這本書會讓你不只心動，更會使你趕快行動。

——經濟部水利署水利規劃分署長　張廣智

熱！熱！熱！在2024飆升高溫中，Cool老師子平又來說書，娓娓道來，在熱到刻不容緩的盛夏，從科學、個人調適、產業衝擊到政策實踐，你必須知道的酷熱故事。一本從販夫走卒到政府官員都能讀得心涼脾土開的書，不要錯過了。

——中央研究院人為氣候變遷專題中心執行長　許晃雄

《溫度的正義》一書不只讓我們了解到高溫影響與科學理論，更重要的是讓我們重視一般人所不容易看到的「正義」問題，不僅拉高了「升溫」議題的視野與關懷面向，也為「降溫」的政策實踐做了發人深省的呼籲。

——國家災害防救科技中心氣候變遷組組長　陳永明

　　《溫度的正義》探討氣候變遷對社會的影響，特別關注弱勢群體在高溫環境中的處境。揭示全球沸騰的挑戰，提供科學創新、行動變革及政策實踐，以減緩不公。這是氣候緊急時代的必讀佳作，為關心全民淨零環境平權的每一位提供寶貴見解與指南。

——國家衛生研究院國家環境醫學研究所所長　陳保中

　　作者集多年跨領域學養與視野，穿透繁複的氣候變遷議題，剖析高溫危害對個人、社群、產業，及至全球永續形成的挑戰與因應之道。本書自科學論證出發，帶來饒富哲理的深思與諍言。溫度的正義，懷抱的是對大地的慈悲與共善的堅持。作者的用心令人動容，特此推薦。

——中國醫藥大學職業安全與衛生學系教授　陳振菶

　　本書是林子平教授的一部精心之作。書中以感性而真實的筆觸，描繪了氣候變遷帶來的種種挑戰，並提出了具體而可行的應對策略。例如針對老年人、幼童和慢性病患者等高風險群體，如何改善其居住環境和增強社區支持是重要的措施。這本書不僅為學術界提供了寶貴的研究背景資料，也為

政策制定者和普通讀者提供了有益的指導。無論是對氣候變遷感興趣的專業人士，還是希望了解如何應對高溫挑戰的普通讀者，這本書都是不容錯過的重要參考。

　　　　　　　——國立臺灣大學環境與職業健康科學研究所教授
　　　　　　　兼臺大醫院主治醫師　楊孝友

　　林教授在本書中對於在政策實踐下，如何促進社會公平性的最佳降溫解方有極為深刻之論述。他提及「綠地是弱勢者健康良藥，有助於健康的公平性」；同時，「面對氣候變遷及都市熱島，更應從具公平性及包容性的觀點來思考空調的議題」等重要觀念及論述。林教授是國內少數面對氣候變遷影響，以專業關注最弱勢群體，並透過包容性觀念來改善弱勢群體的生活空間劣勢的先驅學者。相信林教授這本精采的專書出版，不僅可饗學界大眾，更能為我們的社會創造未來更好的生活品質。

　　　　　　　——國立臺北大學不動產與城鄉環境學系特聘教授
　　　　　　　兼永續創新國際學院院長　衛萬明

推 薦 序

溫度的正義
貫穿淨零排放的關鍵

行政院環境部部長　**彭啟明**博士

　　很多朋友很好奇，明明我在民間可以好好地過生活，可以有自己的時間與發展機會，為何會跳入公部門來接下「環境部長」的職務？

　　最主要的關鍵，是一個想改變的信念！

　　我和子平兄這幾年都在探討2050淨零碳排如何達成，這的確是全世界的目標，參與其中的朋友都知道目前全球各國的減碳政策累積起來，離這目標還有一大段距離，甚至可能無法達標。所以更需要有強烈的全民共識與領導力，有更好的方法與使命感才可能達到。同時我們需要更積極的防災調適策略，才能應對日趨極端的天氣。

　　這個環環相扣的議題，很需要國際間、各國政府部門間、政府與民間、民間創新的生態系合作，很需要有上位的氣候治理思維。

　　而這裡面涉及到整個構面，需要向大眾說清楚並不容易，但最容易貫穿一切的就是「溫度」。我們每天生活都是依賴著溫度來調整穿著或作息，人類可以穿著清爽、不厚重，也不需要開冷氣的舒適溫度落在20-26℃之間，也就是我們最喜歡、最舒服的春季或秋季。而在夏天時，動輒35℃以上的高溫已成常態，我們會習慣開啟冷氣機，把我們室內的溫度降溫到舒適的溫度，但冷氣機運轉產生的溫度，也正同步把戶外的溫度提高。此外，運轉花費的電力，也是主要的排碳來源，把溫室氣體濃度往上推升，直接造成全球暖化，預期溫度會愈來愈高，夏天愈來愈長，我們舒適的溫度也會愈來愈少。

　　一個小小開冷氣的舉動，可以讓我們覺得舒服很多，多數人很難想像這和全球暖化有什麼關係？事實上，一個人製造的量雖不大，但只要每個人累積起來就很可觀。偏偏二氧化碳無色無味，不像某些有色有味的空氣污染，可以讓大家感覺得到，這也就是減碳很難徹底推動的大問題。

　　很多朋友認為需要用「碳費」來讓大家覺得排碳有價，讓大家覺得消耗能源要付出額外排碳的成本，這是會痛的，才會積極減碳。但這也涉及到許多基礎產業，排碳量本來就較高，轉型的成本不低，很可能會造成綠色通膨，例如民生物價的上漲。因此也會有朋友認為，當企業獲利較高或景氣較好時可以徵收，如果變差時，是否可以不要進行。由此可知，推動碳定價，以及如何讓大家知道減碳的重要性，並且產生行動力，是非常困難的任務。

　　如何用更創新的方法來讓大家願意積極減碳，而且要根據實施的成效滾動式調整，除了如「棍子」的碳費，還有更具誘因的「蘿蔔」，許多國家都有創新的辦法，配合上總量管制的碳交易制度，讓整個減碳成為轉型新創的機會，這是各國都在努力之處。

　　但這當中，必須要有一個貫穿的價值，就是「溫度」。如果我們都對溫度有高度的認知與重視，各種分歧與困難就可以有共同的標準來討論，很感恩子平兄的三本系列著作在溫度科普上的投入，期待有更多人可以看到這問題，未來我們努力的目標就是讓溫度不要再快速上升，讓下一世代仍維持有較多舒適的溫度。本書《溫度的正義：全球沸騰時代該如何消弭升溫所造成的各種不公？》所闡釋的正是我們心中

貫穿的價值。

如果我們沒有一個共同的價值,認同溫度的重要性,當然就無法有實質的行動。這不是一個科學、技術問題,而是一個文化道德、世代公平正義問題。

很謝謝子平兄在本書4-5節中的勉勵:

「溫度的公正轉型之路,必定不好走。我們得誠實地面對,劇烈升溫是來自於人類活動排放的大量溫室氣體;我們得深刻地經歷,全球及身旁的環境變遷、經濟損失、生命消逝;我們也必須承認,習以為常的舒適生活,隱藏著人性無止境的期待與貪婪;更不用說,還有多少政策的缺口需要補強,多少困難的路徑亟待開拓。」

這不只是更好的政策推動,也需要帶動大家願意改變生活習慣及能源使用方式,這就是一個新的環保運動文化。我們會努力和大家一起來達成!

前　言

涼爽的溫度，值多少？

2040年7月24日一大早，派翠克來到一個商店門口，外頭大排長龍。場外的服務人員遞給排隊的人一張價目表，上面有琳瑯滿目的商品名稱及標價。不過，這裡只販賣一種商品：**涼爽的溫度。**

嚴格來說它是一種使用點數卡，你想要涼一點，拿出你的點數卡刷一下，你就能在特定的空間、特定的時段內享有涼爽，點數卡依照空間及使用性質分類。有些是供個人使用的，如市區的車內、房間、社區、人行道、公園，郊區的森林、山岳、海灘、步道；有些是營業用的，像農地、茶園、溫室、養殖池，價錢高一些。另外還有社福卡，讓中低收

入、身心障礙、高齡者、戶外工作者享有補助。點數仿效電費採累進費率制，並以降溫幅度加權：你想要溫度更低，持續更久，費率會更高，因為要加收你超額用電、排熱、排碳的費用。

這當然是我杜撰的科幻情節，然而，水電、通訊、交通、餐飲、娛樂，不也是採用類似邏輯讓使用者付費？當涼爽愈來愈稀有，就不該被視為免費，也要付出**相應的價格**。這個價格應該多少？哪些人或空間需要貴一點或便宜一點？購買者有沒有基本額度，確保眾人溫度的基本需求；有沒有購買上限，確保大家共享溫度的權益？

當你開始思考這個問題，就與溫度正義的核心主題更接近了。

什麼是溫度的正義？

涼爽的溫度是固定的資源，依自然地形與季節時間分布。每年進入地球大氣層的太陽輻射量幾乎一致，過去全球的均溫一直維持在攝氏14℃左右，每年只有微幅改變。涼爽的溫度就分布在高緯度、高海拔，或較靠近水域及綠地的區域，時段就在非夏季的日子。

　　然而，當前地球上涼爽的溫度逐漸縮減，稀有而珍貴，高溫則逐步蔓延擴大，將產生兩個溫度不正義的關鍵問題。

　　第一，**是全球及在地高溫化下，導致特定區域、族群、產業受害加劇的不正義**。如熱帶國家的升溫幅度加大導致用電量及碳排增加，都市熱島效應造成密集市區舒適性降低，老年人及慢性病患因高溫而病症加劇，戶外勞工因長時間日晒而熱中暑，農民因為氣溫上升而產量減少，漁民因海水持續升溫而漁獲減少，植物及昆蟲因升溫導致適合生長區域減少而數量減少、影響環境生態。

　　第二，**是人為不當溫度調適下，造成效益享受與困境負擔在分配上的不正義**。如一個國家經濟成長富足，但排放的溫室氣體使環境升溫，需讓另一些低排放的國家承擔。空調發明讓空間降溫、使用者舒適，但代價是排放熱氣造成都市升溫，讓另一群不吹冷氣的民眾也得承受。政府投入大筆經費加強新興開發區綠化及通風，帶來舒適生活品質，卻可能導致此處地價及房價更高，但舊市區仍擁擠密集且炎熱，弱勢族群需付出更高空調電費，最終加速此區沒落。車廂、餐廳、集會場所內的空調低溫讓部分人覺得享受，但也使得怕冷的另一部分人覺得受折磨，而且浪費能源。

　　這就是溫度的不正義：有些人享受涼爽帶來的好處，有些人承受高溫帶來的危害。

　　面對這兩種溫度不正義，該如何達到溫度轉型正義？

　　書中將沿用國際知名教授McCauley針對能源正義分析時採用的三項原則來論述，包含「分配的正義」、「識別的正義」，以及「程序的正義」。**分配的正義**是了解溫度分布的狀況，以及升溫來源（建築、交通）及降溫設施（如綠地、水域）的分配方式。**識別的正義**是要辨認出誰承受高溫的壓力，並承認及接受他們所受到的危害。**程序的正義**則要將資訊公開，使人易於理解，利害關係人能參與且表達意見，並納入決策。

　　在正義的哲學思考上，書中則以「增進福祉、尊重自由、提升美德」這三個面向為出發點，其背後支持的理論分別對應**效益主義**（功利主義）、**自由主義、道德主義、社群主義**，讓我們在思考這些問題時，多一點哲學家的氣息。

章節架構

本書從空間尺度及對象，即全球、個人、產業、政策，來建構四個章節：

第一章〈全球變遷〉一開始先給讀者一個震撼，說明高溫化下，從全球到在地的**巨大衝擊及不可思議的改變**。包含氣候劇變讓倫敦機場跑道表面融化、萬華阿伯及台灣水青岡都面臨挑戰、全球第一個有名字的熱浪、非洲第一位政府部門高溫長（Chief Heat Officer）的露天市場降溫計畫、美國政府要求氣候改善及投資計畫一定要有40%經費投入弱勢地區等。並以「科學創新」、「行動變革」和「正義實踐」等三項重要溫度倡議，代表「新溫度時代」正式揭開序幕。本章的最後一節是第二至第四章的導讀，帶你快速了解溫度正義旅程上的大概景致。

第二章〈個人調適〉將由個人的生理、心理、行為的特性與調適出發，探討**誰受高溫化危害，誰又損及他人權益**。高溫的脆弱族群包含老年人、幼童、慢性病患，因其生理的差異提高了高溫致病的風險。人們的工作環境、活動形態及衣著量，會讓人體額外承受熱壓力（heat stress）。而人們過往的溫度經驗，將影響他們如何感知溫度，以及對溫度的期

待。然而，當人們將溫度期待扭曲為尋求刺激時，將對全球環境及他人權益構成傷害。

第三章〈產業衝擊〉將由五個與我們生活住居、交通、飲食密切相關的產業，探討它們**面對調適與減緩的兩難，怎麼做才合乎正義**。當中也包含餐廳、車廂這類空間的溫度設定，能否兼顧公眾利益及私人需求。營建產業的勞工暴露於高溫中，重度工作又使其體內蓄熱劇增而形成高度熱壓力。農業及漁業領域則探討該如何因應稻米、蘆筍、茶葉，以及野生及養殖烏魚產量受高溫影響而減少的困境。高度控制的溫室、戶外及室內養殖池也許是高溫衝擊下不得不的調適策略，然而衍生的高溫及碳排仍要妥善平衡。

第四章〈政策實踐〉則以都市為溫度正義政策實踐的核心區域，探討政府該如何**改善溫度造成的不公平**？其策略由水綠降溫、通風散熱、遮蔭涼適、建築節能等四項熱島退燒手法逐一描述，並與國內外相關研究成果進行比較。最後，面對台灣建築能效管制、都市降溫涼適、能源穩健轉型等議題，參考著名的倫理與道德思想實驗「**電車難題**」，從「效益主義」謀求集體幸福最大化、「道德主義」兼顧個別權益、「自由主義」尊重個人權利和選擇自由、「社群主義」中團結與歸屬的共善價值，來剖析這些「升溫難題」。

　　讀者若依照全球、個人、產業、政策的章節順序看,可逐步掌握空間層次;各節因有其知識的獨立性,分開來閱讀也不影響連貫性;如果你要從最後倒回來看也很有意思,你會了解到,當前人類為了溫度正義花了許多心力及資源來調適與減緩,其實是為了**修補**人類從工業革命以來不正義地對待環境所造成的傷害。

Chapter **1**

全 球 變 遷

1-1

新溫度時代來臨

「地球正在**求救**，」聯合國祕書長古特雷斯（Antonio Guterres）警告，「最新的全球氣候報告顯示地球已經瀕臨崩潰，向全世界拉響紅色警報。」他指出，地球的熱浪、洪水、乾旱、野火、海平面上升、海冰消失現象不只是創新紀錄而已，「是打破常規（chart-busting）。」

「全球暖化的時代已經結束，」古特雷斯一再疾呼，「**全球沸騰**的時代（the era of global boiling）已經來臨。」

每年的夏天，都將是你餘生最涼的夏天

2023年是人類有觀測紀錄以來地球最熱的一年。根據聯

合國世界氣象組織（WMO）的全球氣象報告，2023年的地表平均溫度創下歷史新高，比工業化之前的平均溫度高出約1.45℃，已逼近2015年巴黎氣候會議設定的1.5℃上限。

這代表著，人類可能**無法履行**先前的承諾，將氣候升溫控制在1.5℃以內，而只能朝下一個承諾——2.0℃努力。

而在沒有現代溫度觀測數據的年代，科學家能夠透過樹木年輪、冰芯和珊瑚礁等替代資料來推斷過去的地球溫度。根據歐盟氣候監測機構哥白尼氣候變遷服務（Copernicus Climate Change Service）的報告，氣候變遷正以驚人的速度不斷打破紀錄，2023年是自12萬5千年以來地球最為炎熱的一年。截至目前（2024年6月）為止，2024年每個月的地表均溫也都創歷史新高，本年度4月均溫比工業化之前已高出1.58℃。

這意味著每年夏季的溫度可能會比前一年更高。今年的溫度是你過去所經歷的**最高溫度**，但也可能是你未來將經歷的**最低溫度**。

近三年（2022-2024）的高溫化也對溫帶及寒帶區域造成巨大衝擊：日本8月單周就有超過7,400人因中暑送醫，其中最多的是北海道的935人，是前一年同期的25倍；美國農民及勞工的高溫致死率攀至新高；倫敦的高溫使機場跑道表面融化導致飛機延誤4小時，鐵道運輸系統因鐵軌升溫而使火車時速

由200公里降至145公里;南極海冰面積少了100萬平方公里,相當於法國和德國的面積總和。

然而,溫度對生活在(亞)熱帶地區的我們而言,似乎只是今天出門該穿什麼的指標而已。夏天的極端高溫只是個話題,新聞報導幾天後就會消失,我們也漸漸對此麻木。

令人擔憂的是,這就像是溫水煮青蛙,我們愈來愈習慣這種不尋常的高溫,身處險境卻忘了應該要害怕。

萬華阿伯及台灣水青岡,同樣面臨高溫挑戰

在台灣,不論是都市或郊區,也都面臨嚴苛的挑戰。

都市的高溫,將提高台灣人熱暴露的風險。我們研究團隊發現,全台升溫最劇烈的區域是從**台北盆地**(萬華、中正、板橋)延伸至**大漢溪河谷**(土城、三峽、八德)。以台北市的萬華區為例,若以2000年為基準,21世紀中將升溫達2.0℃,世紀末將升溫至4.1℃。這將導致人體暴露於極度不舒適時數的比例,由2000年的2.5%,在世紀中升至5.3%,世紀末升至8%,也代表引起熱疾病(heat illness)的高溫時數將提升2至3倍。

郊區的高溫,則造成生態改變甚至物種的滅絕。台灣水青岡(山毛櫸)為冰河時期所存活下來的珍稀植物,受《文

化資產保存法》公告保護，目前只能在宜蘭、台北、桃園、新竹等北部山區看到它的蹤跡。宜蘭大學森林暨自然資源學系陳奐宇老師發現，按照目前的氣候暖化發展趨勢，適合水青岡生長的區域，到了世紀末時會嚴重**縮減**，僅剩現存面積的7%。

「來自溫帶的台灣水青岡之所以能在台灣立足，很大一部分的原因來自於北部冬天提供了足夠的低溫條件，隨著暖化，它們只能逐漸向高海拔遷移，」陳老師憂心地告訴我，「你看，從冰河期結束後，它們就一路往上遷移，目前大都生長在山頂稜線，已經沒有再往高海拔的**退路**了。未來將不只水青岡逐漸消失，台灣師範大學徐堉峰老師研究還發現，只吃台灣山毛櫸的『夸父璀灰蝶』等物種，恐怕也將面臨**絕跡**的命運，這顯示氣候變遷影響了整個**生態系**的平衡。」

「新溫度時代」需要新的行動對策

全球因氣候變遷導致的高溫危害及衝擊，敲響了升溫警鐘，也啟發了降溫思維。人類從過去強調社會經濟發展的極端路徑，邁向溫室氣體減量的淨零碳排路徑。然而，當減碳已經**緩不濟急**，降溫成了當前的關鍵。

「新溫度時代」正拉開序幕，我們並非全然束手無策，

事實上，改變已經悄悄發生。有三項重要的溫度倡議已成為全球主流。

首先是「**科學創新**」，對高溫事件進行指認及預估。世界各國對於溫度的理論、觀測、模擬愈來愈完整，以大量的知識與資料為基礎，可以更清楚掌握溫度變化的特徵，並預估未來的發展以做出正確決策。

佐伊（Zoe）是全球第一個**有名字**的熱浪，[註1]是科學決策代表性的進展。它在2022年7月侵襲西班牙的塞維亞（Seville），最高氣溫超過43℃，即使在夜間也高於27℃。西班牙中央政府結合塞維亞市政府、氣候變遷中心、民間基金會、多所大學的合作，透過大量科學資料，建立了熱浪的預估及判斷系統，將熱浪依白天溫度、夜間最低溫度、溼度，以及熱量對人類健康的預期影響，分成三種等級（佐伊屬於最嚴重的第3級）。同時，每個等級都會啟動一系列緊急應變，例如發布天氣警報、對公眾開放有空調的降溫中心，或

註1： 這個命名計畫由塞維亞市政府、洛克斐勒基金會復原力中心、西班牙氣候變遷中心，以及多所大學啟動。西班牙氣象局對熱浪的定義是：「至少有10%國內氣象站所量到的最高氣溫，高於以往夏季前5%高溫，而且連續至少3天以上。」舉例來說，如果一個城市有20個氣象站，其中2個測站的最高溫分別是38℃及39℃，而過去這2個測站排行前5%的氣溫分別是36℃及37℃，只要這個現象持續3天以上，就稱為熱浪。

派遣社區健康團隊為弱勢群體做檢查。

其次是「**行動變革**」，改變高溫的治理模式及降溫對策。對抗高溫是長時間、跨領域、多尺度的行動，需要改變原有的管理機制，重新評估現有的政策框架，發展更靈活、更具適應性的方法來應對不斷變化的情況。

「高溫長」就是一項政府部門對應高溫化的重大變革。高溫長要做什麼事呢？他們負責統籌市政府應對極端高溫的措施，加速現有的高溫防護工作，並啟動新的任務，以減少極端高溫對其居民的風險和影響。「女性是暴露在極端高溫下的**最弱勢群體**之一。」非洲第一位高溫長尤金妮亞‧卡格博（Eugenia Kargbo）說。她任職於獅子山首都自由城（Freetown），當地有個大型戶外露天市場，沒有任何的遮蔽物。卡格博說：「這裡有2000多名女性小販，在炎熱的太陽下販賣魚、肉和蔬菜，她們承受著嚴重的影響和痛苦。」因此，她的部門在市場中建置200多片壓克力遮蔽設施，讓這些小販**免受高溫之苦**。

最後是「**正義實踐**」，弭平溫度的不平等並兼顧包容性。高溫的影響並非平均分布，弱勢的地區及族群，往往面臨更大的風險。正義實踐是對抗高溫應走的路徑，只有讓所有人都獲得公平的保護，才能真正實現對高溫的有效應對。

*JUSTICE 40*是美國政府公正對應高溫及碳排放的具體實

踐。它是拜登總統一上任後簽署的**第一個**倡議，要求聯邦政府只要是關於氣候和清潔能源的計畫，就必須將40%的經費投入**弱勢地區**——也就是會因為氣候災害而被邊緣化、資源服務不足、負擔過重的弱勢社區，例如有色人種比例高，收入低，缺乏公園綠地，交通不便的偏鄉地區……等。

它們甚至還有一個官方提供的**脆弱度地圖**，你可以查詢每個鄰里的脆弱度指數及排名，當政府在編列公務預算，或民間企業在進行投資時，都必須檢視40%經費是否用在排名後半段的鄰里中，未達到就視同違反這個倡儀而無法執行。

面對高溫化的問題，全球不只要想出有效的方法，還需要公平地對待弱勢群體。

攜手共度「新溫度時代」的挑戰與機遇

隨著全球氣候變遷加劇，我們正式進入了「新溫度時代」，其中高溫的危害與衝擊也日益凸顯。2023年作為地球有史以來最炎熱的一年，向我們警示著氣候危機的現實性，而這種情況恐怕將持續加劇。每年夏天的溫度似乎只會比前一年更高，成為我們餘生中最涼的夏天。

在這樣的背景下，我們看到了「科學創新」、「行動變革」和「正義實踐」等三項重要溫度倡議的崛起。這些倡議

提供了面對高溫挑戰的新思維和方法，從科學預估推進到政府政策，再推進到**社會公平**，每一個層面都在努力應對高溫化帶來的種種問題。

然而，高溫化的挑戰並不僅止於科學或政策層面，它也深深影響著人類的生活和生態系統的平衡。從萬華阿伯到台灣水青岡，每個人、每個物種都面臨著高溫帶來的風險和不確定性。

因此，我們需要全民合作，攜手共度此一挑戰。只有透過科學創新、行動變革和正義實踐的綜合作用，我們才能在「新溫度時代」中找到應對高溫挑戰的方向，並為我們的子孫後代營造一個更加安全、穩定和永續的未來。

1-2

科學創新
讓溫度能夠被合理預估

基於科學數據的地球溫度警訊

全球高溫的危害及衝擊歷歷在目，人類是如何走到這一步的？關於地球升溫，科學告訴我們兩件最重要的事。

第一，**人為溫室氣體排放量**是造成地球升溫的主因，目前升溫已達0.99℃。

科學家發現，從人類出現在地球上，一直到工業革命（1850年）之前，地球大氣中的二氧化碳濃度一直都維持在280ppm左右。工業革命開始後，人類極度仰賴化石燃料來提升生產、運輸的效率，燃燒的過程一方面將熱能轉變成動能，但也同時產生大量溫室氣體。

　　二氧化碳占人為溫室氣體排放的76%，比例最高。其它的溫室氣體還包括了火力發電產生的氮氧化物、硫氧化物，畜牧業和農業產生的甲烷和氧化亞氮等。你發現了嗎？這些溫室氣體都是**人為因素**下產生的。

　　溫室氣體為什麼會讓地球升溫呢？這是因為地表吸收了太陽熱能後，會往上釋放紅外線輻射，其中一部分被大氣層內的溫室氣體吸收後，再往下輻射到地面加熱地表，地表再釋放往上的輻射被溫室氣體吸收。這些輻射在地面及大氣之間反覆傳遞。靠著太陽輻射及適量的溫室氣體，讓地球維持適合生物生存的溫度14℃，這就是**溫室效應**。

　　科學數據顯示，當大氣中的溫室氣體濃度愈高，地球的地表溫度就愈高。2023年時，大氣中的二氧化碳濃度已經達到420ppm，比工業革命前增加了50%。平均來看，21世紀的前20年（2001-2020）的全球地表溫度，比工業革命時期（1850-1900）高出0.99℃。不過，如果我們只看最近的2023年這一年的地表溫度，就足足比工業革命時期劇增了1.45℃。

　　第二，**應大幅減少溫室氣體排放量**，並將升溫控制在2℃，否則人類將遭受重大損失。

　　科學的創新發展，讓氣候變遷的預估愈來愈可靠。科學家們由人類的活動推估出溫室氣體排放量，就能計算出未來的溫度會有多高，人類及環境的損失會有多大。諾貝爾經濟

獎得主威廉‧諾德豪斯（William Nordhaus）提出重要的2℃升溫極限概念，他在1975年指出，如果全球平均氣溫升幅超過2℃，人類經濟將遭受重大損失。

這個2℃升溫極限概念，促成了2015年在法國舉辦的第21屆聯合國氣候峰會（COP21）提出《巴黎協定》，各國政府同意將全球平均氣溫升幅控制在2℃以內，並努力將升幅限制在1.5℃以內。

因應氣候變遷，聯合國政府間氣候變遷專門委員會（IPCC）組成編撰小組，搜尋、了解與綜整發表於學術期刊的氣候變遷研究成果，並於1992年發布第一次氣候科學評估報告，過去大約每5至7年會出版一次評估報告，目前最新版第6次評估報告（簡稱AR6）是於2021/22年發布的公告。

報告中指出，只有在最低排放情境下，全球溫度在本世紀中會達到1.6℃，然後開始緩慢下降，其它排放情境都會使溫度持續上升。然而，如果是在最高排放情境下，世紀中會升溫約2.4℃，世紀末則高達4.4℃。

台灣溫度的總體檢：急劇升溫，消失的冬天

台灣所遭受的氣候變遷升溫危害，與全球相比更加嚴峻。為了能更清楚了解台灣在氣溫變遷所面臨的挑戰，國科

會集結國內68位作者撰寫，25位專家審查，歷時一年半，終於在2024年5月8日出版《國家氣候變遷科學報告2024：現象、衝擊與調適》做為台灣面對氣候變遷的法定報告。[註1]

在這本報告中，針對台灣長期的氣象站數據提出6項重大發現，值得我們留意：

愈近的年分，增溫更加明顯。我們常用每10年增溫值來評估一段時間之內升溫的幅度，科學報告中指出，長期增溫約0.15℃，近50年約0.25℃，近30年則攀升至0.27℃，幾乎是長期增溫的2倍之多，顯示近年來台灣加速升溫。

低溫增溫趨勢，比高溫明顯。近30年期間每10年的日最高溫升幅約0.18℃，不過，日最低溫則達0.35℃，這顯示我們該擔心的並非只是台灣屢破高溫，而是低溫逐漸消失。這會導致夏季清晨的氣溫上升，日夜間的溫差縮小，使都市中的建築物前一天蓄積的太陽熱量無法散去，增加空調耗能及排熱，加劇城市高溫化問題。

高溫夜的天數劇增，更勝日間。一年中夜間達到高溫門

註1：本報告是依據《氣候變遷因應法》第18條法令授權，中央主管機關（即環境部）與中央科技主管機關（即國科會）應輔導各級政府使用這本《氣候變遷科學報告》，「進行氣候變遷風險評估，做為研擬、推動調適方案及策略之依據。各級政府於必要時得依據前項氣候變遷科學報告，規劃早期預警機制及系統監測。」

檻的日數（或稱暖夜天數），可以用來評估一年中有幾天的夜間為極端高溫。數據顯示台灣夜間高溫日數（約90天）高於日間高溫日數（約30天），而且天數上升的趨勢遠高於日間。高溫夜的增加，會降低民眾夜間睡眠品質，危害生活品質及健康。

夏季變長，冬天逐漸消失。近50年來，夏季提早開始，延後結束，最高溫日期提早，最高氣溫升高。這也使得冬天每10年縮短約6至12天。以台北市為例，20世紀初冬季12月開始，3月中結束，但到了20世紀末，冬季1月開始，2月中就結束。台北的冬天從100年前的三個多月，至今只剩一個半月。

台北增溫趨勢，領先全國。在全台6個百年測站的紀錄中，台北不論是平均溫度、最高溫度、最低溫度的增幅都是最高。依照最高溫的趨勢來比較，以台北市每10年增加0.55℃最高，是台中（0.23℃）的2倍多，也遠高於台南、恆春、花蓮、台東（均在0.11℃以內），而且不論夏季或冬季都是類似的趨勢。

海洋增溫高於陸地，森林冬天日數減半。近150年來，台灣海峽的海水溫度有升有降，不過，從2012年起每10年增溫0.63℃，比陸地還高，嚴重影響海洋生態及漁獲量。台灣在2010年至2019年期間，山頂溫度顯著增加，特別是冬季每年以驚人的0.3℃升溫（注意前述的陸地及海洋增溫幅度都是以

10年增幅來計算），低溫日數減少了一半。

都市升溫明顯，台北高居亞洲第二

都市是全球增溫最明顯、風險最高之處。都市化的過程中，因為土地密集開發，自然綠地與空地散熱不足，建築及道路吸熱，高層建築物密集阻擋通風，空調及機具持續排放熱量，導致市區的氣溫高於郊區，稱為「都市熱島現象」。因此，城市面臨了「氣候變遷」及「都市熱島」的**雙重高溫**威脅。又因人口密度高，成為高溫風險最高的地區。

都市化雖然對全球年均溫上升的影響不大，但它加劇了全球暖化在都市中的影響。例如在**亞洲**的印度、中國、日本、越南的**密集城市**中，近年來的近地表空氣溫度比1950年代增加了0.98℃（日本東京）至2.6℃（印度加爾各達），而且日均最低氣溫、夜間平均氣溫升高的現象更是明顯。

以台北市夏季中午為例，位於台北盆地中央區的萬華、中正、大同等密集區域的氣溫，比南港郊區高了約2-3℃左右，這個溫差稱為「都市熱島強度」，也就是都市在同一時間點最高溫區及最低溫區的**氣溫差異**。溫差愈大，代表都市高溫化的問題愈嚴重。

台北的高溫上升值在亞洲城市中**名列第二**。近100年來，

全球平均氣溫上升1.2℃，但台北溫度卻足足增加了1.8℃，在亞洲城市僅次於北京，高於東京、首爾及新加坡。依據我們研究團隊實測的成果，台北市從2020至2023年期間，都市高溫的範圍擴大，由原先的盆地中央區（如萬華、中正）擴展至士林夜市、信義商圈、內湖科學園區，成為**四大熱區**。同時，都市高溫已成為跨行政區的極端氣候危害，台北的熱島往東延伸至**基隆河谷**，往西則延伸至**大漢溪河谷**至**桃園八德**一帶。這和東京的熱島已由高溫中心新宿延伸至60公里外的埼玉縣熊谷，十分類似。

　　台北盆地最高溫、建築物密度最高之萬華地區於現況（即基期）下，全年已有20.6%的時間處於**熱不舒適**、2.5%的時間處於**熱極不舒適**，相較南港的17.5%與1.4%高出許多。萬華地區於全球暖化情境升溫2℃（約世紀中）與升溫4℃（約世紀末）時，熱不舒適則會分別再上升至22.4%與25.5%，意即在世紀末時，萬華地區全年將有**四分之一**的時間皆處於熱不舒適的壓力下。即便是相對郊區的南港地區，世紀末時的熱不舒適率也將有5.6%的成長，比萬華地區的4.9%增幅更為劇烈，可見氣候變遷對都市熱島與民眾於戶外的熱舒適度息息相關，熱壓力的變化不容小覷。

該相信科學，還是向現實妥協？

科學創新絕對是人類邁入新溫度時代最重要的驅動力。它讓溫度成了地球**紀錄片**中的主角，觀眾看得見溫度如何從過去走到現在；續集則是一部地球**科幻片**，告訴我們溫度未來將何去何從。

「科學的許多價值中，最重要的莫過於懷疑的自由。」這是諾貝爾物理學獎得主費曼在〈科學的價值〉一文中的闡述 [註2]。科學本來就應該受到懷疑，禁得起各方的檢視，地球的增溫也是如此。

因此，即使科學分析的方法屢屢突破，增溫的證據歷歷在目，人們依然花了很長的時間才相信高溫的問題嚴重、承認氣候變遷是人類造成的。升溫2℃的科學警訊在1975年發表，降溫目標的共識則在2015年的巴黎COP21才達成，我們**足足花了40年的時間**才定下目標。

註2： 原句為 "Of all its many values, the greatest must be the freedom to doubt." 意謂懷疑的自由是科學進步的基礎，科學家只有敢於對既有觀念和權威提出質疑，才能不斷探索新的知識，推動科學的發展。順道一提，以描述美國原子彈開發「曼哈頓計畫」為主題的《奧本海默》電影中，那位坐在車內以裸眼直視核試爆光芒的學者就是費曼，依照他在《別鬧了，費曼先生！》中的說法，爆炸時的強光讓他短暫失去視覺，其實什麼都沒看到。

　　不過，在定下目標之後，企業及國家的腳步似乎有加快了一些。2019年的西班牙COP25即使遭批雄心不足，但企業界發起的「科學基礎減量目標（SBT）」已展露曙光，全球有六百多個企業依據地球升溫情境和科學數據，訂定自身的具體減量目標。該年度歐盟也宣告進入「氣候緊急狀態」，擬於2030年前將碳排放量降低到1990年碳排放量的一**半**，在2050年前達成**淨零碳排放目標**。

　　而在2023年的杜拜COP28，各國同意「以公正、有序且公平」的方式「脫離」化石燃料，以符合科學的方式在2050年達成淨零碳排。

　　由此可見，建立科學知識之後，還要透過有效的傳遞及擴散，才能形成共識、造成改變。因此衍生一個關鍵問題，民眾及政府是如何看待及使用這些氣候變遷的科學知識？

　　「使用對象的目的不同，我就得用不同的方式**傳遞**這些科學知識。」國家災害防救科技中心氣候變遷組陳永明組長告訴我，「對民眾而言，大部分是關心這個現象對他們生活的影響，所以，需要以簡單扼要且貼近生活的方式，來說明這些科學數據的意義。」

　　「對政府而言，其目的是研擬對策以提早因應，」他進一步說明，「中央及地方政府想知道氣候變遷對於各部會局處有什麼**衝擊**，**風險**有多高，**成本及效益**如何，以擬定具可

行性的**策略**。因此需要更細節的資源，並且和科學家們密切
地溝通討論。」

　　從我自己推動都市退燒的經驗，我也深切體會到科學助
力以及現實限制之間的兩難。剛開始推動時，科學家需要花
費大量的心力，拿出許多的科學數據，像是長期觀測、現場
實測、分析模擬的成果，說服眾人「問題很嚴重，原因是什
麼」。不過，真相常是**傷人**的，總是有人需要負責，或是改
變策略與行動。如果涉及政策及法令，那就是政府的問題；
如果攸關應用及實踐，那就是產業的問題；如果涉及使用及
行為，那就是民眾的問題。所以，科學家會面臨的抗拒通常
是：「問題不嚴重，原因不在我。」這時科學家就要使盡全
力，用大量且客觀的科學數據進行說服——還得讓人聽得進
去、聽得懂。

　　「關注氣候變遷的科學家，應具有好奇心及耐心，」
陳組長說，「對於已產製的科學資料，**會好奇**別人怎麼使用
它，還需要哪些資料。也需要具有**耐心**，傾聽對方的問題及
需求，才能傳遞及產製具有應用價值的資訊。」

　　有時科學家**心灰意冷**，重回到研究領域繼續探索，嘗試
找出更有說服力的科學線索；有時科學家**燃起意志**，持續與
政府及產業溝通，期待科學能造成真實環境中的改變。我也
總是在這兩端之間取得平衡及養分，當政府能採用這些數據

擬定降溫政策、產業能應用這些技術改善環境、民眾能參考
這些知識改變行為，總是令我振奮不已。

　　「不要以為科學家是**冷靜的旁觀者**。」這是一位國內重
量級的科學家在一次關於氣候變遷的專題演講中說的話，讓
我坐在底下深思良久。科學家有時需要冷靜地分析數據，但
也會想要積極參與社會事務，為環境改善和人類福祉出一分
力。當我們愈來愈重視並運用科學時，將會支持更多科學家
繼續探索前行。

1-3

行動變革
從減碳到降溫

目標：從減少碳排，到全面降溫

　　減少溫室氣體排放，是地球降溫的治本方法。科學證據顯示，大氣中過多的溫室氣體，就是地球升溫的元兇。因此，要減少或防止溫室氣體排放量——即**減緩**（Mitigation），或稱減碳、去碳、零碳、淨零排放——才能**根本解決**地球暖化的問題。例如將傳統火力發電轉為再生能源、燃油車輛改為電動車，減少農業與畜牧業的溫室氣體排放，或是人類降低需求，都是減緩策略。

　　然而，只談減緩仍有許多問題。首先，這些減緩策略通常需透過結構性的改變，耗費的時間也長，還會面臨許多政

治因素（例如美國曾退出《巴黎協定》3年）及高碳排放產業的阻力；其次，全球過度專注於計算碳排放量的多寡，投入許多時間及人力在應對龐大的盤點及計算，恐將忽略了實質的減碳行動。

所以，如果減碳的目的是為了降溫，那我們何不採用適合的降溫行動，針對自然系統（大氣、陸地、海洋、生態等）或人為系統（如建築、堤防、道路、社會經濟等）進行調整，以因應氣候變遷的衝擊，並減少**損失及傷害**，這就是**調適**（Adaptation）的概念。

從減少碳排，邁入全面降溫，是新溫度時代的行動變革。我們可以從以下策略發現這些改變。

酷涼城市聯盟C40（Cool Cities 40）誕生於2021年。他們致力於採用包容性、基於科學的協作方法，目標是到2030年將碳排放量減少一半，幫助世界將全球升溫限制在1.5℃，並建立健康、公平和具有韌性的社區。

「在可預見的未來，倫敦將面臨45℃的高溫，」**倫敦**市長，也是C40的主席Sadiq Khan說：「這代表夏天時，地鐵、療養院、學校恐怕都會因高溫而無法使用。」他在市區種植更多遮蔭樹木，並開始在公車上安裝空調，但他也明確提出，城市需要更多來自政府的支持，例如採用**稅收減免**或其它激勵方案來改造建築物，以幫助城市適應高溫化危機。

減碳當然重要，這是解決氣候變遷的根本問題；降溫則**更務實**，因為與我們生活直接相關。多一個公園，我們應不是只計算能吸收多少二氧化碳，而是可以讓環境降溫幾度，讓人們舒適幾分。因為，你住家附近的社區公園能降溫幾度，和全球能減少幾公噸碳排放，一樣重要。

價值：由環境保護，至人類福祉

過去，人們對氣候變遷和全球暖化的認識，主要集中在對自然環境和生態衝擊，如冰山融化造成北極熊棲地減少，森林火災破壞生物多樣性，陸地乾旱造成水循環失衡。但是，我們採取的減碳行動，常是本於對周圍環境的感受，如果發生的事件距離我們**很遠**，也不是我們生活中所能體驗得到的，人們採取對應行動的急迫性就**不大**。

然而，近期人們終於才意識到，人類才是升溫最大的**受害者**。

升溫如何造成人類衝擊，產生風險呢？IPCC將氣候變遷的風險視為以下三者的交集：危害（Hazard）、暴露（Exposure）、脆弱度（Vulnerability）。如果我們以人們因高溫而中暑的風險為例，**危害**代表極端的高溫事件（如這幾天氣溫、體感溫度有多高），**暴露**代表受影響的對象（如多少

人、多頻繁地身處於高溫的環境），**脆弱度**代表這些對象可能受負面影響的程度（如老人、幼兒、患慢性病的人、戶外工作者）。

要降低高溫「危害」帶來的風險，得由降低「暴露」、減少「脆弱度」兩方面來減少損害及損失，這也就是上述的調適。例如，避免在高溫時處於戶外環境，避免高齡者及幼童居住於高溫環境，植樹與通風讓戶外降溫，開窗或開啟冷氣讓室內降溫，甚至教育民眾如何對抗高溫、建立警示或支援體系、修改政策法令等，都可以建構或強化調適能力。

然而，在人類社會中受高溫影響的對象還不只是人體，暴露在高溫下的對象，更包含了生產（農林漁牧、工業）、生活（商業、餐飲、旅遊）、居住（建築、設備）、建設（道路、橋梁）等。

高溫對人類造成的高風險，讓人們更願意採取降溫行動，以提升人類福祉。這個思維也充分展現於國際幾個重要的倡議。

世界自然保護聯盟（IUCN）強調「**基於自然的解決方案**」（Nature-based Solutions, NbS），如增加綠地、水域來減少高溫造成的熱壓力。同時還能發揮共效益（Co-benefit）的特性，減少洪水風險、改善空氣品質、改善城市生物多樣性、提升身心理健康。[註1] 值得注意的是，NbS強調「人類福

祉」和「生物多樣性效益」需同時達成，顯示人類在維持生物多樣性的同時，也必須能為人類帶來好處，才更務實。

而在IPCC的第6次評估報告（AR6）第2組氣候變遷工作報告「影響、調適與脆弱性」中，針對人類社會對於氣候變遷調適之脆弱性及其限制，也以4個章節加強描述食物與衣著、城市及社區、身心健康、貧窮與生計、休閒與觀光……等與人類福祉相關的高溫議題，提出高溫時可能產生的危害及衝擊，以及可行的調適策略。

在溫度的議題上，當我們由原本只求環境降溫，進而考量提升擴展人類福祉，將可加速人類的行動，有助於我們及早減緩並適應高溫化的問題。

技術：從全球思維，到在地因應

當目標從減碳轉到降溫，價值由環境保護轉到人類福祉

註1： 依世界自然保護聯盟（International Union for Conservation of Nature，簡稱 IUCN）對NbS的定義，是指透過「保護、永續管理、恢復生態系統的行動，有效且靈活地應對社會挑戰，從而促進人類福祉和生物多樣性效益」。其中的社會挑戰包含了氣候變遷減緩與適應、防減災、經濟與社會發展、人類健康、糧食安全、水安全、生態環境退化與生物多樣性喪失等七項。本段翻譯參考自臺灣大學柯佳吟老師，NbS也可簡稱為自然解方、以自然為本解方。

時，我們無法再以全球化一體適用的策略來改善高溫化，而需以**因地制宜**的方案來實踐。

舉例來說，全球化思維下的減碳策略，是以再生能源取代化石燃料的發電方式，將生產及生活化石燃料的使用改為電力，似乎是全球減碳的不變定律；然而，要讓一個國家、城市、社區降溫，並提升人類的福祉，降低高溫帶來的風險，就得依其氣候環境、地理特徵、社會結構、生活型態來選擇最適合的在地策略來實踐。

我們以德國及新加坡兩個國家為例，闡述他們**截然不同**的降溫策略。

德國的城市善用來自於郊區的自然風幫市區降溫，在《德國聯邦自然保護法》中對「**風廊**」（係指能生成新鮮或冷空氣的區域及路徑）有嚴格的保全規範。例如法蘭克福在夏季，利用來自Nidda河每秒4萬立方公尺的冷空氣幫市區降溫。在這條風廊路徑上，盡可能保留最大面積的水域及綠帶，一方面避免新建建築物阻礙氣流，再則增加既有建築綠化，讓蒸發冷卻降溫的效果極大化。弗萊堡（Freiburg）為了保全來自黑森林的風廊，以便將低溫新鮮的空氣提供給下風處城市，甚至還將一個既有的足球場移除，另覓地點興建。

而**新加坡**位於赤道地區，長年高溫又無風，就必須採用另一種方式協助都市降溫。首先是城市綠化，新加坡制定非

常嚴格的綠化基準，不僅要在地面層充分綠化，也必須在立體平台、廊道、陽台上密植高葉面積指數（LAI）的大型喬木，才能符合新加坡政府嚴格的「**綠色容積率**」（Green Plot Ratio, GnPR）規範，達成相當於基地面積3倍以上的綠化量。其次是都市遮蔭，政府要求捷運站周圍400公尺內的公車站、商業區、公有建築之間，都要有不間斷的遮廊或騎樓，確保行人能有良好的遮蔭與舒適性。

管理：從個別領域，至部門整合

對一個城市而言，高溫造成的風險是全面且跨領域的。機場、鐵軌、道路等交通設施可能因高溫而中斷服務，農林漁牧業因而減少產量，觀光旅遊業因而減少遊客造訪，戶外運動競技的舉辦則造成運動員及觀眾的健康危害，教育場所的戶外課程也需隨高溫因應調整。

因應城市面對升溫導致的多元化問題，城市的高溫治理也產生改變。原本分屬於不同領域與高溫的問題，逐漸整合出一個**管理部門**，來管理多樣化的高溫議題。1-1節所提及的高溫長，就是為了因應這些需求，在地方政府建立一個專責部門及主管，來統籌這項任務，是城市高溫管理變革的最佳寫照。

　　珍・吉爾伯特（Jane Gilbert）是全球第一位被任命的高溫長，2021年在邁阿密上任。「做為高溫長，我的責任是透過改善協調，加速行動，來應對城市極端高溫所帶來的不斷增加的健康和經濟風險。」她在一個氣候會議Aspen Ideas: Climate中指出，身為全球8個城市高溫長中的一員，她們（都是女性）共享一些對抗都市高溫化的重要**資訊**，以及各個城市成功及失敗的**經驗**。

　　「我們致力於強化社區及建築物的**降溫**，以免低收入及邊緣化的社區居民、戶外工作者、有老人及小孩的家庭遭受高溫的**危害**，」她進一步指出，「同時，也通知及教育這些民眾，應該如何面對及解決環境日漸高溫的問題。」她的倡議也進一步改變了邁阿密的相關法令，包含高溫時不可強制斷水、確保勞工及農民受到妥善的高溫防止保護等。

　　這看起來好像是一個簡單的降溫行動方案。不過，當我們將她擔任的工作對應到台灣城市典型的局處，會發現這些任務將橫跨都發、建設、工務、教育、社會、勞工、衛生、環保、水利、經發……等局處，如果一個城市沒有共同的願景來整合各局處採取降溫行動，將很難把這些**跨局處**的部門整合，以達到有效的降溫目標。

調整行動方向，朝「新溫度時代」邁進

減少溫室氣體排放是地球降溫的關鍵，但單純的減碳策略會面臨時間長、效率低及政治阻力等問題。因此，溫度行動變革的目標需從減碳轉向降溫，以更直接有效地應對高溫風險，降低人類社會承受的損失。降溫行動需**因地制宜**，依照氣候、地理及社會特徵選擇最適合的策略。同時，政府需建立專責部門，制定共同願景，並促進各部門之間的資訊共享，確保有限資源的有效利用。

所以，台灣對於這些新溫度時代的行動變革，做好準備了嗎？我們可以從兩個層面來看。

台灣當前過於著重「減碳」，輕忽「降溫」，這是在目標與價值層面的重要警訊。在各國提出淨零排放路徑時，台灣也不落人後，於2022年由國發會提出2030年溫室氣體排放減半、2050達成**淨零排放**的目標。[註2]

不過如果仔細一看，內容有90%以上都圍繞在減碳、固碳、去碳等方式，也就是前述**減緩**的策略。不過，對於城鄉

註2：我國2050淨零排放路徑將會以「能源轉型」、「產業轉型」、「生活轉型」、「社會轉型」等四大轉型，及「科技研發」、「氣候法制」兩大治理基礎，輔以「12項關鍵戰略」，就能源、產業、生活轉型政策預期增長的重要領域制定行動計畫，落實淨零轉型目標。

環境該如何實質降溫，或採取相應措施以減少損失和增強適應能力，亦即**調適**，卻很少著墨。

如此一來，恐造成減碳與降溫的**失衡**，出現「台灣碳排量愈來愈少，城鄉溫度卻愈來愈高」的矛盾景象。

降溫主管機關不明及決策過慢，則是技術及管理層面的缺失。

目前中央及地方政府，對於低碳議題尚有**主管機關**，例如環境部及環保局，或另設低碳辦公室來整合相關的行動及資源。然而，降溫議題卻分散在**各局處**，缺乏主責及整合的官員，使得降溫的目標及行動策略不明或是組織不夠完備，讓很多政策無法有效進展。

當各國及城市都已針對降溫的行動進行變革，台灣也應由過度趨向減碳的方向往降溫調整，並建立因應的主管機關，進行法令的研修及行動的擬定，才能回應國際趨勢，朝新溫度時代邁進。

1-4

正義實踐
讓弱勢者免受高溫威脅

藏在溫度裡的不正義

新溫度時代以科學創新為基礎，以行動變革扭轉了舊有思維。不過，在實踐的過程中，我們還需顧及**公平正義**。溫度也與正義有關？也需要公正轉型？讓我們先由美國巴爾的摩市的例子來探索這個議題。

「大部分的孩子，他們在這個城市歷經創傷，對未來沒有任何期待。」在*Charm City*這部描述巴爾的摩市暴力衝突的紀錄片中，一位居住在黑人社區的老年人在鏡頭前緩緩訴說他的無奈。巴爾的摩是美國最危險的城市之一，每10萬人中有高達45人遭到謀殺，謀殺率是全美平均值的10倍。

　　這裡的居民大多是非裔美國人，出身於**弱勢家庭**，長期以來承受貧窮、暴力和毒品的侵害。他們居住的地區環境不佳，至今仍存在著公園樹木稀少、建築老舊密集、工廠排放臭氣和汙水等問題。

　　在這些黑人社區，高溫化的問題尤其嚴重。透過衛星遙測及地面觀測的結果顯示，這裡在夏季下午的溫度約39.4℃，比同一時間該市最涼爽的地區**高出**約17℃。

　　這種高溫化對黑人族群的影響比對白人族群來得大。加州大學戴維斯分校教授卡德納索（Mary Cadenasso）針對巴爾的摩所做的研究發現，在白人居民人口比例較低、平均家庭收入較低的社區，植被覆蓋率愈低，建築密度愈高，都市熱島愈嚴重。

美國有色人種暴露於高溫，源自種族隔離政策

　　儘管這份報告呈現的是2016年的溫度分布，但造成此問題的根源可以追溯至80年前，也就是1930年代實施的種族隔離政策──**紅線區劃**（Redlining）。

　　當時的政府和貸款機構認為，非裔美國人居住的社區較不穩定，因此將這些區域劃為「紅線」，列為**借貸高風險區**，銀行拒絕向這些區域的居民提供貸款，即使同意貸款，

也要收取極高的貸款利率。這導致紅線區劃內的公共建設經費難以投入，居民也遭到孤立而無力改善，使得居住的環境**愈來愈差**。[註1]

這個距今80年前的錯誤政策，對溫度的影響**持續至今**，而且不只發生在巴爾的摩市。

美國的大規模研究指出，有色人種比白人更容易暴露在極端的城市熱浪之中。亞利桑那州立大學環境經濟學教授謝里夫（Glenn Sheriff）針對美國175個大城市調查中，發現在97%的城市裡，有色人種大多居住在地表溫度較高的區域：位處內陸，多為混凝土構造，幾乎沒有綠地。這使得**有色人種**比白人更容易暴露在極端高溫的危害。

也許你認為，較富有的有色人種，應該能負擔更高的房價，會住在更舒適涼爽的地方吧？實際上並非如此。研究團隊發現，有色人種不管收入高或低，暴露在都市高溫的狀況都很接近。令人驚訝的是，高收入的有色人種，竟然還比低

註1：紅線區劃（Redlining）是金融機構針對特定種族或民族，而拒絕向某些社區提供貸款或保險的歧視性住房政策。在美國，紅線區劃最早出現在1930年代。當時，聯邦住房管理局將社區分為A到D四個等級，其中D級社區被認為是風險最大的投資，並鼓勵銀行拒絕提供貸款。這個政策使得美國的少數族裔社區難以獲得貸款，也不易經營商店，限制了區域的經濟發展機會。在1968年的《公平住房法案》通過後，紅線區劃成為非法制度而廢止，然而其影響力仍持續至今。

收入的白人更容易受到都市熱島的影響。

「這背後的原因就是**種族主義**（racism）。」馬里蘭大學環境健康系教授威爾遜（Sacoby Wilson）針對這個現象提出說明。他過去長期研究空氣及水汙染時，也發現了類似的種族不平等現象。

威爾遜認為，這源自於過去具有歧視性的住房政策，如紅線區劃、種族隔離、不公平貸款條件，即使這些政策都已廢止，但白人獲得住宅抵押貸款的金額，仍是非裔美國人的10倍以上，顯示種族歧視依舊存在，也連帶使得有色人種的居住環境及生活品質不佳。

對於貧窮的有色人種而言，這個狀況更顯不利。因為他們缺乏空調等適應高溫的設施，或是無法負擔高昂的電費，是都市高溫化下最為脆弱的族群。

加州大學柏克萊分校教授傑斯代爾（Jesdale）也針對住宅隔離政策對於種族暴露的熱風險進行分析，對象包含美國和波多黎各人口稠密的城市，並定義了一種稱之為「**高溫風險區**」——即地面為不透水鋪面，且地上沒有種樹的土地類別。當人們居住在這類區域，就有可能暴露在較高溫的環境中，而承受更高的熱風險。

研究團隊發現，只有29%的白人居住在高溫風險區，**黑人、西班牙人、亞洲人**有31-53%住在高溫風險區。他們認

為，在更大、隔離現象更明顯的城市中，少數種族／族裔人口更有機會被迫居住在人口稠密的社區，這些地方通常密集開發，缺乏樹木及草地，因此常是高溫的區域。

換句話說，雖然高溫化問題表面上看來是受到當地環境的影響，但其實背後的推手是**種族主義**和**隔離政策**，這些政策導致社會和環境的不公平，影響到正義的實現。

荷蘭反而是富人蒙受高溫，
尤以早期移民、女性、年輕人風險最高

荷蘭的狀況則與美國相反，較高收入的居民及投資者反而身處都市高溫區。

荷蘭瓦赫寧恩大學（Wageningen University）馬什胡迪（Bardia Mashhoodi）教授發現，荷蘭高收入居民比低收入者，更容易暴露在較高的溫度中。這是因為隨著城市逐漸發展，吸引了較高收入的居民及投資者進入市區居住及工作，造成城市逐漸仕紳化，[註2] **貧困者**向郊區遷移。市區因為熱島

註2：仕紳化（gentrification）也稱為貴族化，是指更多富裕的居民和企業湧入社區中，增加社區的經濟價值，如地價、租金、消費都提高，使得原本居住於此的低收入者無法負擔，被迫遷離往更偏遠或條件更差的地區維持生活。

現象，溫度比郊區來得高，使得**高收入**者比低收入居民更容易受到夏季高溫的影響。

移民的來源地區及移入年代，則決定了他們日後的熱風險高低。非西方移民（土耳其人、摩洛哥人、安地列斯人和蘇利南人）在1960-1970年代湧入荷蘭四大城市（阿姆斯特丹、鹿特丹、海牙和烏特勒支），他們住在經濟狀況不佳，還負擔得起房租的社區，這裡的高度城市化使他們過度暴露於高溫當中。

而在2004-2007期間移入的西方移民熱暴露程度則較小。由於歐盟東擴，這段期間的**西方移民**（主要來自波蘭、保加利亞）的數量激增，他們一開始也是居住在上述四大城市的密集區，不過，這些西方移民的工作及居住地更具流動性，可能**搬到**另一個城市化程度較低的城市，所以他們的熱暴露的狀況會比非西方移民小。

在性別方面也出現不平等，女性的熱暴露狀況**高於男性**。這是因為女性從事**服務業**的比例較高，而這些工作機會在城市中較多；而男性從事農業、工業的比例較高，工作地點多在郊區的農業及工業區。因此，女性待在城市的比例比男性來得高，因此有較高的熱暴露。

在年齡方面，15-24歲之間的年輕成年人暴露在高溫的機會較大，可能是由於城市地區年輕化，千禧一代願意住在高

度城市化的中心位置。

「夏季高溫分布，有必要從**環境正義**的角度來審視。」馬什胡迪認為，高溫不只是一個環境問題，也是一個社會經濟問題，它與荷蘭社會的市區仕紳化、郊區貧困化、住房市場、翻新、種族隔離、少數民族群體的歸屬感、勞動市場的女性化、都市區域的年輕化、農村地區的老化有密切關係。

他指出，國家層級、地方政府的環境政策，需考慮不同的**社會經濟群體**，對脆弱的社會經濟群體予以保護，以減少不公平的問題。

台灣也有氣溫不正義的問題嗎？

從以上這兩個例子，可以發現高溫產生的不公平問題由來已久，只是近期才開始被討論，同時，這兩個國家也存在著明顯的差異。

美國早期實行的住宅隔離政策，使得有色人種只能居住在城市中心高度密集且環境品質差的區域，暴露於高溫的風險高於那些居住在環境品質更好的郊區的白人；荷蘭則是由於高收入居民和投資者湧入市中心工作和居住，使城市生活消費水準提高，無力負擔的貧困人口被迫向郊區遷移，反而導致高收入者暴露於高溫風險的機率高於低收入者。

　　台灣有這樣的溫度分布不公平的現象嗎？我們比較像哪一種狀況？

　　在一次熱島降溫座談會上，我報告了對於這個城市熱島的觀測及分析，也提及我們針對一處新興開發區研擬了創新管制對策，以提早因應氣候變遷及城市發展下的高溫危害。

　　「我一直在想**誰是受益者**？又會是**誰受到損害**？」這場座談會之後的幾個月，一直關心氣候變遷下公正轉型的彰化師範大學地理學系盧沛文老師問我。「你們研究團隊改善了這處新興開發區的高溫現況，會不會讓這裡的生活品質變得更好，地價更貴，舊市區相對更高溫，而加速了**舊市區的衰退**？」

　　這的確是發人深省的問題。過去我總是從科學的角度，依氣候、地形、人為開發的角度，探討都市熱島溫度的分布及成因，這個問題也提醒了我，要由社會經濟的觀點，重新檢視這些資訊。

　　在台灣，都市**最早開發**的區域，常是**最熱**的地方。6個直轄市中，較高溫的區域除了火車站附近（如桃園、台南、高雄）外，另一個就是在低窪盆地區，如台北的萬華、台中的大里。這些區域通常是先民最早登陸發展的地區，[註3] 也因為是從早期的聚落發展為城市，通常道路狹窄、建物密集，而且公園綠地等公共設施不足。

　　隨著台灣的經濟起飛，都市區域逐漸往外延伸，發展的重心轉移至重劃區及新興開發區，台北從信義計畫區至北投士林科學園區，台中從七期重劃區至水湳經貿園區。這些新開發區雖然大樓林立，但通常建蔽率低，能夠保留較多空地進行綠化，氣溫其實不高。反觀盆地及火車站周邊，如果不是透過都更重建，通常仍維持了數十年前的樣貌，再加上地形因素，常是都市高溫熱區。

　　在這些熱區中的居民，有極高比例為**社會經濟弱勢者**。隨著都市發展，高收入者及投資者開始往新興開發區移動，而留在原處的人們，常是社會經濟較弱勢的族群。這樣的結果也導致了這些較弱勢的族群，承受較高的氣溫。

溫度的三種正義轉型

　　人類活動的碳排放加劇全球氣候變遷，社會經濟環境亟需轉型，且應顧及公平正義——也就是「**沒有人覺得被拋棄，也沒有人感到被剝奪**」。

　　註3：台北盆地的萬華是新店溪港口，其舊名「艋舺」即台灣原住民平埔族凱達格蘭族語「獨木舟」之意；台中盆地的大里則是大里溪港口，其舊名「大里杙」的「杙」字，即是設置在岸邊用來固定竹筏船隻的木樁。

同樣的，面對都市發展密集及人工化造成的都市高溫化，我們也應該要顧及「**溫度正義**」，並引用國際知名教授McCauley針對能源正義分析時所採用的3項原則來論述。

第一是**分布的正義**，我們要探討溫度在空間與時間中**分布不平均**的現象，以及升溫來源（如建築、交通、工廠）造成危害分布的不平均，及降溫設施（如綠地、水域）帶來利益分配的不平均。

第二是**識別的正義**，我們要能辨認出**誰**正承受著高溫的壓力，哪些弱勢者無法自由地表達，或是在表達的過程中感受到威脅。同時，我們也要**承認及接受**，這些人理應要被公平地對待。

第三是**程序的正義**，我們要將資訊充分**公開**，讓不同階層的人們都能充分**理解**，並應能**回應**多元需求，納入不同的性別年齡、族群人種、經濟教育、隸屬單位的人們，讓他們能夠充分**表達**意見，並將這些意見納入**決策**的程序。

我們應該從不同的空間尺度來檢視這三種溫度正義。

從較大的**國土尺度**來看，台北盆地、桃園河谷、花東縱谷、南部山區，在不同的季節及時段都是高溫頻繁發生之處，居民是否受到不平等的待遇？接著，從**都市尺度**來看，要留意是否有些行政區、社區、街廓會因為其位處的地形、具備的設施、舉行的活動而產生溫度分布不均的情況？最

後，在**個別的空間**如建築、房間、車廂，都可能存在著因為溫度分布不均，以及個人的體質、喜好、調適能力的差異，而產生的溫度不公平現象。

通過推動**溫度正義轉型**，從識別高溫熱區和受害者，到改變決策過程，可以減少不公平現象的發生。然而，如果某些個人或群體長期暴露於高溫，已經受到嚴重傷害，我們該如何應對這種遲來的正義呢？

「這就是**修復的正義**（restorative justice），也是探討溫度正義時不可忽視的課題。」盧老師說，「修復正義強調對過去傷害的理解與責任承擔，並透過積極行動減少這些傷害帶來的影響。」她進一步說明，在民主社會中，修復正義並不是無止境地**贖罪**，不一定要新增公共設施或高額的**補償金**，而是透過了解過去發生的事件，共同尋找未來合作共生的可能途徑。

溫度的不正義，在你我身邊已經存在甚久，只是加害者**渾然未覺**，被害者**不以為意**。要追求公平正義，有賴自然科學及社會科學研究者的共同合作，中央及地方政府的政策引導，利害關係人的參與討論，我們才能準確地指認出藏在溫度裡的不正義，並且共同推動改變。

1-5

啟程
探索溫度正義之旅

看見環境當中的不公平

　　溫度依循自然規律變化，雖然有高有低，對待萬物**始終如一**。然而，當人類開拓土地、發展經濟、興建城市、使用能源，溫度的分布開始產生改變，地球的環境、生態、人類、城鄉、產業受到**不公平**的對待：

暖化使生物棲地減少，人類卻持續開發排碳增溫；

海水上升使貧窮島國淹沒，強國仍與海爭地擴展疆土；

老舊市區擁擠而逐年增溫，新開發區卻更加涼爽舒適；

戶外工作者承受高溫威脅，商場消費者享受極致低溫；

農林漁牧因升溫減產，高碳排產業仍持續獲利；

弱勢族群易受高溫衝擊，缺乏預警及支援將加劇風險；積極的城市均衡降溫是必須，消極保守的政策難因應。

這些違反溫度正義的問題，可以歸納為三種類型：溫度**分布不均**帶來的不公平、受害者**未被識別**的不公平，以及**決策過程**中的不公平。

溫度正義，開始於個人的生理、心理、行為的特性與調適，擴大至產業的衝擊及因應，最終也需要政策的引導與實踐。因此，接下來的三個章節，會由個人調適、產業衝擊、政策實踐三個層面討論。

誰受高溫化危害，誰又損及他人權益？

人為什麼會覺得熱？熱生理機制共有6項關鍵因子。當一個人暴露於特定氣溫、溼度、風速、輻射的物理熱環境下，從事某種體能消耗的活動（如靜坐、工作、走動）時，他身上的衣著量會影響體內散熱的程度，進而改變身體的生理熱平衡。

首先，**生理**的差異，會讓暴露於相同熱環境，衣著量與活動類似的兩個人，承受不同的熱壓力。這是由於人們會因為年齡、體質、身體狀況有不同的熱感知與調節能力。如老年人比較不容易感知到升溫狀況，幼童容易因為高溫產生氣

喘及過敏,有糖尿病、腎臟病的患者容易因高溫而增加中風及腎結石的風險(2-1節)。

其次,某些**工作環境**、**活動**及**衣著**量會提高人體的熱壓力。長時間暴露於戶外強烈日晒高溫的工作者、身穿隔離衣的醫護人員、在發熱機具旁的室內工作者,會有較高的體內蓄熱量,除了降低工作效率及品質,也容易引發大量出汗、脫水、痙攣等風險。不過,若人們在生活中沒能選擇合適的衣著來調適溫度,例如夏天仍穿著高隔熱衣著,也可能造成室內溫度設定過低,而影響輕量衣著者的熱舒適性(2-2、2-3節)。

然而,除了這6項可量化的熱舒適因子之外,心理因素——即溫度的經驗與期待,也是左右熱舒適的關鍵,不僅會導致個人行為的改變,甚至會因而侵害到他人的權益。

經驗,讓溫度在你身體留下記憶,決定你對當下溫度的感受。空間中的一群人,因為長期經歷(例如生活地區的長期溫度、平時住家有沒有開冷氣)及短期經驗(例如前兩天溫度高低、剛剛離開的空間冷熱)的差異,讓他們對同樣的溫度有著不同的感受:住在低溫地區的人們來到高溫地區覺得太熱,剛從高溫街道進到冷氣房的人覺得太冷。當我們無法創造客製化的溫度體驗,會讓有些人覺得不舒適,覺得暴露在這個溫度讓他權益受損,對他不公平。而當熱帶國家冷

Chapter 1 ── 全球變遷

氣的溫度設定被溫帶國家領導的舒適標準強勢介入，更造成區域上的溫度不正義及能源大耗竭（2-4節）。

　　期待，來自經驗累積下對舒適溫度的渴望。當你體驗過舒適溫度的美好，你會期待一個比你的需要還低或更高的溫度。夏天時，你進到一個有冷氣的房間，會提高對它熱舒適的期待；到旅館時，期待客房的溫度得比你住家溫度更低；當人們經濟能力及生活品質提高時，會期待住家、工作、公共空間能提供恆定又舒適的溫度。然而，當人們對溫度有了極端的期待而做出極端的處置時，如杜拜人行道上的空調公車亭、卡達奢華百貨的戶外空調，這類耗能排熱排碳的做法，對全球環境及他人權益都將構成傷害（2-5節）。

調適與減緩的兩難，產業怎麼做才合乎正義？

　　溫度變遷除了讓個人調適能力受到影響，也將對產業帶來衝擊。

　　營建工人在炎熱的天候興建房舍，讓人們有冬暖夏涼的住家；空調車廂抵擋了高溫日晒，讓人們能舒適地在工作與旅遊時移動；農漁民在熾烈的太陽下生產與撈捕季節食材，讓人們可以在涼爽的餐廳裡享受美食。

　　這些產業支持了我們的日常生活，然而，高溫變遷將

67

產生兩種可能的衝擊：營建工人與農漁民可能面臨更高的風險，遭受嚴重的損失；也可能使他們採行不當的調適策略，而危害了環境，損及他人的權益。

餐廳與**車廂**都是公眾共享的場域，但亦具有私人消費的特質。因此，選擇它來探討溫度的公平性時，可同時考量公眾利益及私人需求，很具有代表性。自然通風的用餐空間或車廂，能源耗用不多，最能符合溫度正義；不過，當為了滿足用餐者或乘車者需求而開啟空調降低溫度，會造成空間中部分人的不舒適，像是鼻子過敏流鼻水，或需穿上長袖外套，這都是不公平的待遇。而且大量空調的排熱，也會影響公共利益。香港過去有不開空調的「熱狗」巴士，今日則有環保團體量測到冷氣巴士上的極低溫度，並發起拒搭活動。世界各國有餐廳空調溫度的管制、日本也有弱冷車廂的提供，都是兼顧公平性的調適溫度做法，值得台灣借鏡（3-1、3-2節）。

營建工人在美國雖然只占總勞工人數的6%，但高溫致死人數占比超過三分之一。這些勞工長時間暴露於高溫及日晒，再加上重度的工作增加體內熱量的蓄積，因此身體的熱壓力極高，會加快微血管擴張及流汗等熱應變（heat strain），如果身體調適能力不佳，更會造成熱疾病，嚴重者甚至可能因此死亡。因此，政府必須制定完整的高溫作業

辦法及指引，明定熱指標評估及警示，雇主也應提供防護措施，並配合檢查，以降低勞工的戶外熱風險（3-3節）。

農業及**漁業**，是對氣溫變化極為敏感的產業，逐年的增溫也造成長期且緩慢的影響，而造成的衝擊及不公平性，更是深遠且不易調適。例如北部區域因高溫而稻米減產、阿里山的春茶隨著雲霧漸減而消失、西南沿海冬季海溫增加導致烏魚捕獲區北移，都造成農漁民巨大損失，以及農漁村聚落生活及經濟上的轉變。然而，農業的人工環控溫室、漁業捕撈法的改變、露天或室內養殖，雖均為氣候調適的手段，但也可能衍生能源耗用、海洋生態受損、不當排放等環境正義之問題（3-4、3-5節）。

政府該如何改善溫度造成的不公平？

當高溫分布不均的現象已透過科學指認，遭受高溫危害的個人、族群、產業已被辨識，下一步則是要透過政策，來改善這些不公平所造成的問題。

都市是溫度正義政策實踐的核心區域。由於氣候變遷及都市熱島的雙重影響，都市是全球增溫最明顯的區域，尤其是亞洲的密集開發城市。因此，我們將聚焦於都市，提出4項都市退燒及舒適的方案，最後，提出當前面對的三大升溫難

題，經由正義思辨，勾勒出符合公平原則的決策。

首先是**水綠降溫**，綠地內的氣溫，不僅較非綠地區域更低，還能幫周圍的社區降溫。在台灣，城市每增加10%綠覆率，氣溫最多可下降1.2℃，國外研究也顯示，當綠覆率不足，不僅溫度會上升，該區域的老人死亡率比住在綠地充裕地區的老人還高了13%（4-1節）。

其次是**通風散熱**，風是都市中的珍貴資源，它能降低構造物的溫度，有助於保持周圍環境的涼爽，每秒0.5公尺的緩速微風，相當於1.7℃的降溫效果。同時，建築物透過開窗引入涼風，可以降低室內溫度，減少空調的使用，從而節能減碳。再者，風廊中的微風能夠幫助行人散發體熱，降低體感溫度，提高舒適性。（4-2節）

接著是**遮蔭涼適**，都市中的陰影十分可貴，像冷藏室一樣，讓環境低溫，行走的人舒適。最好的遮蔽物是喬木，喬木開展的樹枝、葉片擋住了部分的陽光，在地面上創造出陰影。另一種遮蔭是由人工構造所形成，建築物可利用量體的凸出或凹陷創造出更多局部的陰影，像是騎樓、穿堂、遮簷、雨庇……等。無騎樓或遮蔽物的空曠人行道上，夏季的日間舒適率僅48%，只要沿街有2公尺的遮簷，舒適率可提升到87%，標準3.64公尺寬的騎樓的舒適率更可達到94%（4-3節）。

　　最後是**建築節能**，空調排熱是造成都市熱島最關鍵的原因，會讓夜間的戶外氣溫增加1-2℃左右。而在都市核心區域，這些空調熱氣又會導致空調耗電量增加10.7%，造成空調使用與都市升溫的惡性循環。如果要減少空調排熱，做好外牆、玻璃、遮陽、通風設計是四大關鍵，並善用都市自然冷卻的手法，例如綠化、透水、通風、遮蔭，可避免空調過度使用，確保其它住戶涼爽的權益（4-4節）。

　　最後，面對台灣建築能效管制、都市降溫涼適、能源穩健轉型等議題，將如何從正義的觀點找出解決路徑並**行動**？我們參考著名的倫理與道德思想實驗「電車難題」，從「效益主義」謀求集體幸福最大化、「道德主義」兼顧個別權益、「自由主義」尊重個人權利和選擇自由、「社群主義」公共善的價值，來剖析這些「升溫難題」（4-5節）。

　　如同桑德爾指出，要看一個社會是否正義，就要問它如何**分配**人們所珍視之事物，正義的社會分配一定合乎正道，人人皆得到他應該得的。溫度也相同，由「**增進福祉、尊重自由、提升美德**」這三個思考點出發，我們將能更接近溫度正義。

Chapter 2

個 人 調 適

2-1

生理差異
老年人、幼童、慢性病患
都是高溫脆弱族群

生理差異造成溫度不平等

　　當高溫席捲而來，老年人成為死亡率最高的群體。2022年，歐洲地區共有超過61,000人因高溫而喪生，其中72%的案例是80歲以上的**老年人**。西班牙全球健康研究所巴萊斯特（Joan Ballester）教授應用了該年度歐盟統計局的資料庫，進行高溫相關死亡的詳細分析。

　　研究團隊發現，若比較高溫致死率的風險，當氣溫在17-19℃之間，80歲以上的老年人和其它人的風險十分接近，不過，一旦氣溫高於25℃，老年人的風險就會比其它人高了15%以上。

　　老年人在高溫環境中為何容易死亡呢？首先，我們需要深入了解人體在高溫下是如何感知外界氣溫，並進行體溫調節。

　　人類屬於恆溫動物，大腦下視丘的體溫調節中樞會幫助人體維持在37℃上下的體溫。外界溫度上升時，大腦會發出警訊，透過神經系統傳送至皮膚，刺激血管擴張和汗腺分泌，以促使熱量從身體表面散發出去。

　　由此可知，人體有感知及調節**兩個機制**，能因應外界的溫度變化。這就好比指揮官發現敵軍來襲時，能夠快速**判斷敵情**，並準確發布指令給士兵；而士兵收到指令後，能立即**展開行動**，嚴陣以待，準備應對敵軍。

　　由於老年人對於溫度變化的**感知能力**較差，因此當他們置身高溫環境時，他們的下視丘難以正確而迅速地發布指令，提醒身體進行調節；即便身體接收到指令，但因為他們的**調節能力**相對較弱，血液循環和排汗效能也不及年輕人，導致他們的身體難以順利散熱，進而使體內蓄熱持續增加。

　　接下來，我們將透過對溫度感知能力和調節能力的探討，深入了解導致老年人更容易受到高溫威脅的原因。

老年人的溫度感知能力比年輕人差

　　首先，讓我們來看看老年人的熱感知能力和年輕人有什

麼不同。早在30年前，全球知名的日本愛知醫科大學生理學系小川德雄教授研究團隊，就做了一個知名且有趣的實驗，來證明老年人與年輕人對溫度感知的差異。

在這個實驗中，研究人員讓年輕（24歲）及年老（73歲）兩組受測者，進入20℃的低溫實驗室靜坐幾分鐘後，請受測者拿遙控器**自行調整溫度**，直到他們覺得舒適為止（但受測者不知道自己調控後的最後溫度是幾度）。而另一次實驗，則是進入40℃的高溫實驗室，也重複同樣的流程。這兩種實驗在夏天及冬天時都進行了一次。

研究人員記錄了受測者在低溫室及高溫室最後設定的氣溫，視為他們的「喜好溫度」，代表受測者綜合生理及心理的感受，並比較兩室的喜好溫度的溫差：**溫差愈小，代表人們的感知能力愈好。**[註1]

結果顯示，年輕組的兩個喜好溫度幾乎相同（接近

註1：這個創新的研究當時受到國際高度關注，是全球首次從熱生理及心理的角度來探討高齡者的熱感知能力的研究。主導這個研究的小川教授2023年已離世，我向來自同一個研究室，目前任職於同校醫學部校務研究室的佐藤麻紀助理教授詢問這個研究的背景。她說，當時研究人員刻意設計了很冷／很熱的兩種空間，並讓受測者自行調高／調低到自己感覺舒適的溫度，是試圖用兩種極端的溫度來干擾並檢驗受測者對溫度的感知能力。她指出，如果一個人對於熱的感覺夠敏銳，這兩個喜好溫度的數值會很接近，如果有差距，代表受測者對溫度的感知能力不佳。

32.1℃），夏天及冬天的狀況也都一樣。而年老組的兩個喜好溫度在冬天的實驗中雖然相同（接近31.8℃），但是在夏天的實驗中，喜好溫度在高溫室內為32℃，低溫室內則為30℃，差距2℃。

這表示，年輕人在夏天及冬天時，都對溫度有**敏銳**的感知能力，不受兩種極端溫度的干擾。然而，老年人在夏天的感知能力就不好，導致他們身處於極端的高溫而**不自覺**。這代表大腦對溫度的判斷力不佳，無法將訊息傳遞給身體以便即時調適高溫。

老年人在高溫及低溫下的體溫調節能力都不好

即使大腦能夠正確地感知溫度並將訊息傳遞至身體，然而，身體機能仍需擁有調節溫度的能力，才能實現有效的散熱或保溫效果。

老年人體溫調節的首要挑戰之一是**出汗功能的降低**。「在高溫環境中，年輕人常是滿頭大汗，而老年人的皮膚卻經常保持乾燥，相較於年輕人，較少有汗水流出。」國內熱危害及生理熱調節方面的研究學者，中國醫藥大學的陳振犇教授進一步解釋：「汗液能夠迅速帶走體內的熱量，有助於身體調節溫度。如果一個人無法順利排汗，就可能面臨熱危

害的風險。」

法國斯特拉斯堡大學Dufour教授研究指出,年齡超過40歲後,出汗功能會隨著年齡增長而下降。日本學者井上教授則進一步發現,出汗功能最初影響的是腿部的出汗量減少,接著擴及至後背、前胸,最終影響到頭部。

日本產業醫科大學的佐川教授進行了一項實驗,將6位60歲以上的長者和10位40歲以下的年輕人置於一個氣溫40℃、相對溼度40%的實驗室中2個小時。他發現,當年輕人的身體核心溫度達到36.7℃時,即開始出汗;然而,老年人必須達到37.0℃才會開始出汗。

這項實驗結果顯示,老年人在高溫環境中面臨比年輕人更高的熱風險。與年輕人相比,老年人需要**更高的體溫刺激**,才能啟動汗腺分泌汗液的生理反應,進而有效地排除體內熱量。這種情況增加了老年人罹患熱疾病的風險。

一個由英國及澳洲組成的研究小組Millyard等人發現,老年人除了出汗能力下降外,**心血管和免疫系統**的功能也減弱,這可能也會影響他們的體溫調節。日本佐藤麻紀研究團隊則發現,當老年人處在極端高溫或低溫時,他們的**滲透壓控制能力**(osmolality control)較差,也就是體內的水分和電解質(如鈉、鉀)無法保持在適當的平衡,因此調節溫度的能力比年輕人差。

「由於老年人的心血管功能較差，血液輸送熱量到身體各部位的效率相對降低，常導致手腳冰冷的現象。就像夏天冷氣溫度過低時，老年人也可能感到不舒適，因為血液無法有效地將熱量分發到身體各處。」陳振葦老師指出，「而在冬天寒流來臨的情況下，老年人心肌梗塞及中風的急性發作風險則相對增加。」

此外，老年人在**行為調整**方面的能力相對較差，包括在戶外尋找遮蔽處、室內控制冷氣、調整衣著和改變活動量的感知及行動能力，都不如年輕人靈活。老年人對於突然升高的氣溫適應的速度也較慢，使他們成為極端高溫和低溫環境下的脆弱族群，容易受到極端氣溫帶來的傷害。

幼童也是高溫脆弱族群

從小我便與氣喘為伍。家人形容我當時呼吸時都夾雜「咻咻咻」的聲音，親朋好友們也總是憐憫地看待這個體弱多病的我。印象中，只要天氣有變化，劇烈的喘息讓我無法正常呼吸，常常缺席體育課，只能眼睜睜地看著其它同學盡情揮灑汗水。直到大學畢業，我的氣喘才緩解並恢復正常。

近年來有一次我參加國家衛生研究院的學術會議，遇到了長期進行新生兒世代研究的王淑麗研究員。她提到，台

灣約有三分之一的兒童患有氣喘、過敏性鼻炎或異位性皮膚炎，若依照國際上37篇相關研究成果的推論，當氣溫升高時，這類患者的急診次數會明顯增加。

「除了生理的疾病外，高溫也可能誘發兒童的心理及行為問題。有些研究指出，兒童的**注意力不足**以及**過動**，似乎與氣溫上升有密切關係，但這需要更多數據來驗證。」王老師進一步提醒，「當氣溫升高時，老師及家長可能會讓兒童待在室內吹冷氣。然而，長期來看，這可能會讓兒童從小就失去對高溫的適應能力，將來反而更容易受到高溫的危害。」

關於這一點我也深有同感。記得以前從國小到高中時期的教室都是沒有冷氣的，所以特別喜歡高中的電腦課，因為電腦教室有冷氣——其實是給珍貴的電腦吹的。上大學之後，也只有少數的教室配有冷氣，我所就讀的建築系的繪圖教室內，也是沒有空調的。

不過，現在年輕的世代大概**從小**就開始吹冷氣。以我的小兒子2007年出生的年代為例，一出生就待在全天候開啟空調的月子中心，讀私立幼兒園時也有冷氣可吹。上公立國小時雖然沒有空調，但國中時就趕上行政院「班班有冷氣」的方案，全國的公立國中小全面配置冷氣，天氣熱時就由全班投票決定要不要開冷氣。一旦學校常開冷氣，在家就很難不

吹冷氣了。

　　這導致他只要天氣熱就不愛出門，也不太能忍受高溫，還有過敏性鼻炎的狀況，特別是在進入冷氣房時，過敏症狀更加劇烈。長期下來，他恐怕愈來愈難適應高溫環境，除了影響舒適與健康外，也會降低他到戶外活動的意願，使他更容易成為未來氣候變遷及高溫常態化下的潛在脆弱族群。

慢性病患比健康者容易受高溫衝擊

　　除了老年人與幼童，高溫還會導致一些成年病患的症狀加劇，或引發其它的疾病。

　　「當氣溫超過34℃時，民眾中風急診的風險開始顯著增加。」國衛院吳威德助研究員指出，當氣溫升到40℃時，中風急診的發生率會比34℃時高出25%。這個研究結果是以一般民眾為研究對象，對慢性病患而言，氣溫上升造成的危害還會更高。[註2]

　　「如果糖尿病患者的血糖控制不好，氣溫升高時，患者中風的風險就會提高。」嘉義長庚楊曜旭醫師進一步告

註2：　本研究是以全民健保資料庫2001-2020年第一次中風急診個案為研究對象，採用自我對照研究設計，模式考量日高溫延遲效應後的結果。

訴我,「我們發現當溫度超過34℃時,血糖控制不好的糖尿病人罹患出血性中風之風險,會比控制得宜的患者增加24.6%。」註3

近期也有愈來愈多的醫學研究,嘗試找出高溫可能會加劇特定病症的線索,**腎臟疾病**就是其中的重要領域。因為腎臟在保護人體免受脫水的過程中扮演著關鍵角色,因此當人體承受到高度的熱壓力而產生熱衰竭時,可能導致嚴重的急性或慢性腎臟疾病。

值得留意的是,即使是承受輕度的熱壓力,也會加重腎臟疾病。

「隨著全球高溫化,**腎結石**發生的機會可能提升!」成大醫院劉展榮醫師告訴我,「雖然需要更多的科學證據來支持,不過有許多研究都指出,高溫化會導致身體排汗量及尿液濃度增加,更可能因為高溫而攝取更多含糖飲料,內含的果糖進而導致尿酸上升;另外,高溫環境導致的慢性脫水也被發現會引起結晶尿的排出增加——這些都是可能致使腎結石發生的重要原因。因此,高溫時喝足夠的水分,不僅有助於身體的熱平衡,也可以降低結石的風險。」

台灣大學公共衛生學院的研究團隊,透過全國健檢資料分析也發現,**糖尿病患者**比一般人更容易受到溫度上升影響,增加慢性腎臟病危險。

以高溫防治計畫保護弱勢族群

　　由此可見，高溫對於不同族群的影響差異巨大。老年人、幼童以及慢性病患者因生理差異而成為高溫脆弱族群。老年人在高溫環境中容易受到威脅，因其感知能力和調節能力較差，導致體溫調節困難。幼童也因生理及心理原因容易受到高溫影響，長期處於冷氣環境可能降低其對高溫的適應能力。慢性病患者則因疾病特性而更容易受到高溫衝擊。這些族群在面對高溫時，都需要特別注意保護措施，以減少對健康的威脅。

　　面對熱浪來襲，歐洲許多國家都針對高溫弱勢族群有特別的預警、通報、保護機制。超過75歲的高齡者，是各國的熱浪防治計畫中優先保護的對象，其它如嬰幼兒、慢性病患者、**孕婦**也普遍被各國熱浪計畫定義為高溫弱勢族群。[註4]

　　英國所定義的高溫弱勢族群則更廣，包含獨居者、隔離者、無家可歸者，或是嚴重身體或精神疾病患者、酒精和／

註3： 本研究是以長庚醫學研究資料庫中患有糖尿病且發生過出血性中風的患者為研究對象，將糖化血色素（HbA1c）檢驗數值8以上定義為糖尿病控制不住。

註4： 台灣大學公共衛生學院的研究團隊過去發表在科學報告的研究結果顯示，若懷孕第三孕期（7至9個月）暴露於極端高溫，會增加死產的風險。

或藥物依賴者,就連「居住在**市區**、住房**朝南**且擁有平坦屋頂結構者」也在熱浪計畫的保護範圍內。**體重超重者**、**戶外娛樂者**,則分別被荷蘭、德國列入熱浪來襲時的保護對象。

至於熱浪計畫的啟動條件,通常是依照氣象預報中可能達到的溫度及日數來規劃。荷蘭啟動的條件是連續4天以上,最高氣溫都高於27℃;英國在白天平均氣溫達30℃,夜間15℃時,會發出3級警報;德國的高溫警報1級是體感溫度(perceived temperature)連續2天達32℃,且夜間降溫效果不佳,2級則是午後體感溫度達38℃。

「每年熱浪來襲的時候就是我最忙碌的時候,會有無數的電視、媒體、廣播來採訪與宣導。」安德烈‧馬薩拉奇(Andreas Matzarakis)教授是德國聯邦氣象局生物氣象中心主任,監控高溫熱浪就是他掌管的任務之一。他說:「聯邦政府發布高溫警報後,地方層級會負責**連繫**養老院、療養院、幼兒園,除了高溫警示外,也特別強調應避免接觸紫外線。」

在台灣,衛生福利部於2014年制定《因應氣候變遷之健康衝擊政策白皮書》,高溫預警行動方案分級標準依2018年2月中央氣象局(現氣象署)所調整的高溫定義,啟動各級高溫預警行動方案。第1級為黃色警戒(預警期):氣象預報溫度達36℃以上;第2級為橘色警戒(警戒期):氣象預報溫度

高於38℃，或是氣象預報溫度高於36℃，並持續達3日以上
（含當日）；第3級為紅色警戒（應變期）：氣象預報溫度高
於38℃，並持續達3日以上（含當日）。警戒啟動後，會加強
對**獨居老人**及露宿街頭的**街友**等弱勢民眾的訪視關懷服務，
並通知各醫療、護理、社福及精神復健機構提高警戒，進行
相關預防準備工作。

　　若與上述國家相比，目前台灣的高溫防治計畫在保全對
象、通報體系、應變措施方面，仍有努力的空間。面對當前
的高溫，以及未來氣候變遷所造成的逐漸升溫，我們應以更
完善的高溫防治計畫保護弱勢族群，辨識出受高溫危害者，
並提出有效的保護策略，以落實溫度正義。

2-2

工作型態
戶外及室內都可能深受其害

工作高溫致死人數逐年攀升

　　近年來，全球各地因工作型態暴露於高溫中，導致嚴重熱疾病甚至死亡的人數逐漸攀升，引起了我的注意。

　　2022年7月14日，在氣溫高達43℃的亞利桑那州一位20多歲年輕人拖著沉重的腳步來到一戶住宅的門廊，當他彎下腰把遞送的包裹放下的瞬間，身體突然癱軟以致跌坐在地上，他狀甚痛苦地把兩腿伸直，上半身向前彎曲，頭埋入胸口，雙手撐在膝蓋上大口喘息。幾秒後，他整個人往地面倒下，看似昏了過去。

　　躺了好一會兒，他才勉強起身，緩步走到門前，用不太

能控制的扭曲手指按了電鈴，提醒屋主包裹已送達，然後搖搖晃晃地走回貨車上，身影逐漸消失在門廊監視器拍攝的畫面之外。

在德州達拉斯美國郵政局工作了近40年的郵務員小尤金・蓋茨（Eugene Gates Jr.）就沒這麼幸運。2023年6月20日這天，他在達拉斯高達46℃的燠熱天氣中挨家挨戶遞送信件時暈倒在某戶人家的前院，屋主先為他做了CPR後緊急送醫，但蓋茨最終仍然不治身亡。

布萊恩・奧利夫（Brian Olliff）則是在路易斯安那州工作了20多年的警官。2022年7月16日他在已經連6天氣溫突破38℃的納基托什（Natchitoches）街道上巡邏，在持續行走6個小時後，身體感覺不適，他使用無線電呼叫救護車護送他前往最近的醫院，最終仍急救無效而死亡。

戶外工作者所受到的雙重熱壓力

有些人由於工作性質，可能面臨比一般人更大的高溫風險，卻不自覺。

長時間在戶外工作的人，承受著比一般人更高的熱壓力。一來是他們需要**長時間暴露**在陽光下，吸收來自環境較多的熱量；再則工作所衍生的**活動量增加**，肌肉的收縮會讓

體內產生多餘的熱量。這些來自環境及體內的熱量累積起來，將造成體溫上升，熱風險提高。

有6類族群是戶外高溫風險潛在受害者。首先是施工維修人員（工人、巡檢、園藝），他們長時間在空曠無遮蔽的地方從事搬運、掘削等高強度工作，是受到高溫危害風險最高的族群（另於3-4節詳述）。其它像從事運輸物流（鐵路、航運、郵務、貨運）、保全防衛（巡邏、臨檢、守衛、消防、防衛），農林漁牧、調查專訪（記者、生態觀察）、運動競技（運動員、教練、工作人員、觀眾）……等活動的人，也都是容易受到高溫危害的族群。

特別是在熱帶地區，長年的高溫十分不利於**戶外工作者**，氣候變遷更加劇了對勞動者的危害。美國學者Masuda等人的研究指出，熱帶地區全年有五分之一的時間超過適合戶外高強度工作者的安全溫度區間。如果全球氣溫再往上升1℃，這個比例將增加到全年三分之一。這也意味著，熱帶地區的勞工必須長時間暴露於高溫中，承受較高的熱風險。

勞工所受熱壓力的兩個核心問題

第一是危害勞工的身體健康。加納海岸角大學Amoadu教授在歸納全球157篇關於勞工熱壓力的研究後指出，高溫會造

成勞工大量出汗、脫水、頭痛、尿量減少、皮膚起疹、乾燥或刺痛、核心體溫升高、肌肉痙攣、噁心、鼻出血、協調能力下降、中暑和昏厥等。

這是因為勞工在夏季高溫中暴露於陽光下，且從事高強度工作，承受極高的熱壓力風險。印度公共衛生研究所Dutta等人針對採石場的934位勞工，進行全年環境溫度及生理溫度的量測及調查。研究人員發現，勞工的額頭皮膚平均溫度在冬天是30.7℃，夏天會提高到35.8℃，最高會達到37℃左右；體溫在冬天時平均為36.8℃，夏天37.3℃，最高40.1℃。夏天時的流汗量平均是每小時0.9公升，是冬天的2倍，**過度出汗**也是最多工人（93.5%）抱怨的項目。

第二是降低工作效率及生產力。Amoadu歸納諸多研究後發現，當勞工出現與熱相關的症狀，如疲勞、頭暈、精力不足和注意力不集中，會導致其工作能力下降。此外，遭受熱壓力的勞工可能會有**工作時間損失**或工作時數不足而導致缺勤的情況。其它影響因素包括工作產出減少、無法實現目標、產出質量下降，以及人際衝突。在極端情況下，也可能出現**人員流失**。

英國拉大堡大學Foster教授在實驗室環境中的研究顯示，當勞工處於極低熱壓力時（綜合溫度熱指數WBGT=18℃），勞動能力（Physical Work Capacity, PWC）只會降低10%；但當

暴露於極端高溫（WBGT=40℃）時，勞動能力則會大幅降低78%。研究團隊也進一步發現，如果勞工是穿著**短袖上衣與短褲**，有大面積皮膚裸露在外時，強烈的太陽輻射量會加劇體內的熱壓力，造成勞動能力大幅下降。

溫度上升也會降低戶外工作者的效率，進而導致經濟上的損失，稱為生產力損失（Productivity Loss, PL）。英國學者Day的研究證實，透過調整工作時段，利用清晨或避免在高溫環境下工作，可以避免**生產力的損失**。研究結果發現，如果將工作時間由原先的8至17時，改為6至15時，則生產力損失能有效降低20.8%，達到減少高溫經濟成本的效果。同時，如果將工作地點由空曠日晒處移到陰涼處，也能有效降低生產力的損失。

「**農民**因長時間在高溫炎熱的環境下工作，罹患**腎臟病**的風險比一般民眾高出五成。」臺大醫院楊孝友醫師進一步說明，他們透過社區整合篩檢計畫的資料，分析台灣最大的稻作縣慢性病篩檢資料發現，農民罹患非因高血壓、糖尿病所造成的非傳統原因慢性腎臟病的危險性，比一般民眾高出50%，且有五分之一的農民有**慢性脫水**現象。

室內工作環境隱含的熱壓力不容輕忽

不過，室內高溫風險的族群也不容忽視。有些室內工作場所有高溫或高熱輻射源，例如熔爐、燒窯，或是傳統工廠（五金、機械、烤漆、紡織）、廚房等，由於這類空間中的機具發熱量大，採用空調降溫的效益不佳，難以設置空調，在其中工作的人員就會承受較高的熱壓力，比一般室內工作者有更高的熱風險。

另一個大部分人意想不到且容易受到忽略的高溫場所是：**醫院**。

2021年6月，正是COVID-19（嚴重特殊傳染性肺炎，或稱新冠肺炎）本土疫情持續延燒之時，因台灣北部醫療量能不足，重症病患需送至中南部治療。當時報導指出，有救護**車司機**與隨車**護理師**由台北運送病患至台中，車程耗時將近2小時，車上不能開冷氣，也不能開窗，司機和護理師還必須全程穿著隔離衣。抵達目的地時，司機先因身體不適掛急診，護理師則因進入負壓隔離病房無法馬上脫掉隔離衣，在安置好患者後也昏厥送急診。當時兩人的體溫都超過39℃，心跳超過140下，全身衣服溼透，經判斷是嚴重脫水、熱衰竭的症狀。

也許你還有印象，在COVID-19時許多醫護人員需要全天

候穿著防護衣、手套、N95口罩和護目鏡。雖然這類的**個人防護裝備**（PPE）能有效地減少傳染風險，卻也導致醫護人員排出的汗水無法有效蒸發散熱，使得醫護人員暴露在脫水、專業判斷降低、疲憊和勞累相關的熱疾病風險當中。

穿著全套的防護衣有多熱？伊波拉病毒爆發時，醫護人員需長時間穿著全套防護衣，美國國家職業安全與健康研究所（NIOSH）國家個人防護技術實驗室Aitor Coca等人指出，穿戴三級防護衣只要工作60分鐘，核心體溫便達到38.9℃，高於美國工業安全衛生師協會（ACGIH）熱壓力標準值38℃。

「其實醫護人員也知道，防護衣**悶不通風**，長時間穿著一定會造成熱危害。」台大醫院楊孝友醫師告訴我，「然而，個人防護裝備的穿脫流程及場所有一定的規範，穿脫也需要花費比較長的時間，當醫護人員手邊的工作量很多時，多半會選擇忍耐一下，等換班的時間再換裝。」不過，這也導致了醫護人員無法規律地**飲水及上廁所**，因而加劇了熱危害，嚴重的狀況下可能會造成**急性腎損傷**。

那麼，要如何保護穿著防護衣的醫護人員呢？「首先要將防護衣的材質特性，納入醫護人員的熱危害評估。」楊醫師指出，過去的熱指標多是考量熱環境的特性（如氣溫及輻射）以及工作強度，現況顯示應該要把**服裝調整因素**（CAF）納入評估，以便更適切地保護醫護人員。

防護衣內的溼氣無法排除，是導致穿著者熱壓力上升的重要問題。新加坡國立大學材料科學系陳瑞清（Tan Swee Ching）教授為了解決這個問題，研發了一種新式的吸溼薄膜材料，來控制防護衣內部的**溼度**，並透過蒸發冷卻，以有效緩解醫護人員因穿著防護衣而提高的熱壓力。

辨識出各行業的高溫脆弱族群

在台灣，工作與活動型態隨著社會經濟快速變化，某些行業的工作者也可能成為氣溫升高下熱危害的脆弱族群。

有一位24歲曾姓**外送員**，在2020年7月中午，在台中市騎機車送餐途中突然連人帶車倒在路邊，一度失去生命跡象，經送醫搶救2個小時才恢復呼吸、心跳，推測是中暑熱衰竭所導致。

減緩熱疾病的第一步是，辨識出容易受到高溫危害的工作與活動族群。我們不僅該辨識出既有活動下的高溫受害者，一些新興產業、活動、行為也可能受到危害。除了上述COVID-19疫情中穿著防護衣的醫護人員，高溫下送餐飲的外送員外，還有許多人沒被關注，或是仍有新興的產業與活動將可能面臨熱風險危害，我們必須審慎地觀察。

政府方面，也應訂定相關的法令來保護這些族群。

在台灣，針對勞工的熱危害已有一些法令規範（詳3-3節），例如雇主應該提供陰涼休息場所、飲料或食鹽水，並應該依比例規劃休息時間，平時也要提供安全衛生教育、應變處理機制。然而，這些看似完整及詳細的規範，仍存在著一些挑戰。

此外，上述規範所保護的，都是勞動部所**定義**的勞工。然而，許多行業的從業人員卻並未歸類為勞工，像外送員被外送平台視為「承攬制」的外包員工，就不屬於勞工，不適用《勞動基準法》保障，因此這些勞動部制定的規範就保護不了他們。

另外，農漁民、軍人、警消、公務員、教師也不是勞工，但都有機會長時間暴露於高溫下，無法受到相關之保障。因此，政府也應該擬定相關法令，更全面地照顧到所有臨時或長期在戶外高溫環境中工作的勞動者，免於受到高溫熱危害。

面對高溫，各行各業都有可能受到熱危害。我們得認真地把熱疾病視為重要的**職災**，提出完善的法令規範。

2-3

生活調適
應對溫度變化靠它最好

你今天出門穿長袖還是短袖？

小兒子念國中的時候，我太太開車載他出門前，兩人最常爭執的就是衣著，每隔幾天就要重演一遍。倒不是衣服式樣是否合乎學校規範，而是長袖短袖有沒有錯亂。

冬天的時候，他外套裡面搭短袖，再冷的寒流也不穿長袖或毛衣。「真正冷的時間就只有從校門口走到教室那3分鐘，進了教室後窗戶都被關起來了，裡面很悶熱，穿短袖剛好而已啦！」他說。

夏天的時候，他還是這麼穿，再熱的天氣出門還是要穿著外套。「教室冷氣很冷啊，每天班上投票結果都是要開冷

氣,溫度都吹很低,不穿外套是要讓我感冒喔?」

這些對話我大概聽了3年,除了語助詞略有改變,其它大致不差。最神奇的是他每天穿的那件外套是同校畢業的哥哥的,上面還繡著大兒子的名字,長袖制服則是3年都沒買,幫我省了制服費。

低溫時穿短袖、高溫時穿長袖,不就是個人的自由,要如何影響公平正義?衣著,又如何讓你成為溫度正義的受害者或加害者?讓我們先回到原點,了解衣著在熱舒適性扮演的角色。

衣著對熱舒適的影響:氣候特性是關鍵

早在1970年代,丹麥科技大學的Fanger教授,即室內熱舒適研究領域的先驅開拓者,就將衣著量與活動量(或稱代謝量)納入6項影響人體熱平衡的關鍵因子之中。他所演繹的熱平衡公式顯示,當一個人暴露於特定氣溫、溼度、風速、輻射的物理熱環境下,從事某種體能消耗的活動時(如靜坐、工作、走動),他身上的**衣著量**會影響體內**散熱的效率**,進而改變身體的生理熱平衡,而影響一個人的心理熱感受。

也就是說,假設一個人在冬天時處於較冷的室內空間中,如果他穿著隔熱效果良好的厚外套,使他皮膚的散熱量

小於身體發熱量，那他就會**感覺溫暖**；反之，如果他只穿了一件輕薄的上衣，使皮膚快速散熱，當這些散熱量大於身體發熱量時，他就會**感覺冷**了。

基於這個人體熱平衡理論，Fanger教授建立了「物理—生理—心理」的關聯式，只要在公式中輸入空間內的4項熱環境因子（氣溫、溼度、風速、輻射），2項人體因子（衣著量、活動量），你就能「預知」人們對這個環境舒適性的平均評價為何——即很冷、冷、微涼、剛好、微暖、熱、很熱等7個等級，你還能知道當有一群人處於這個環境下，會有多高比例的人感到不滿意。

Fanger教授還幫各種衣著建立了一個隔熱值對照表，並且也受到美國冷凍空調協會（ASHRAE）及ISO使用，從中所衍生出的室內人體熱舒適範圍，也成為全球空調設計的標準。例如短袖的T恤是0.1，毛衣約0.6，羽絨外套在2.0以上，這些值可以加總起來代入上述公式，就可以知道你在所處的熱環境中穿上這種衣著，你會覺得冷還是熱。註1

註1：這就是預估平均感受（PMV）及預估不滿意度（PPD）指標。若將這6項因子代入PMV中，會得到-3到+3的數值，代表熱感受從很冷到很熱，0則為舒適；將PMV的值代入PPD指標，得到數值由0到100，代表不滿意的比例（程度），例如20%代表這個熱環境約有二成的人會覺得不舒適（這也是我們定義舒適的基準），數值愈高代表愈多人覺得不滿意。

穿錯衣服，將暴露於更高的熱風險

　　若依照這個邏輯，理論上你穿得愈多應該會覺得愈熱，穿得愈少你覺得愈涼。而事實上，對於高日射的台灣而言，並不是這麼一回事。你會看到菜市場買菜的阿嬤穿著袖套，外送員都穿戴著涼感面罩，還有服飾品牌推出標榜「穿，比不穿還涼」的外套。

　　想要在台灣炎熱的夏季穿得舒適，衣著必須能阻擋日射量。中國醫藥大學陳振辳教授指出，如果皮膚直接暴露在太陽下，**體表溫度**升高反而會覺得更熱，因此，在皮膚上增加衣物防曬不但有助於體感降溫，還能減少**紫外線**的吸收。

　　衣服材質的透氣性與導熱性也是舒適的關鍵。台灣因溼度高，不透氣的材料會讓皮膚上的汗液更難**蒸發**，因此材料應該要有微小縫隙才能有助於透氣。除此之外，加了礦石粉的材料導熱係數提高，可增加瞬間涼適感，這些也是坊間各種涼感、防曬衣的原理。

　　有些人因工作或活動的特殊性，其衣著可能會造成高溫的風險。如醫護人員的防護衣、軍警消的制服、外送員的工作服、營建勞工的防護裝備、高溫熔爐工作者的隔熱衣，這些衣著如果沒有妥善設計，都可能讓穿著者體內的熱壓力累積，造成更高的熱疾病風險。

日本每年都會在全國各地辦理「**猛暑對策展**」，除了隔熱建材、戶外噴霧、消暑飲品之外，各種穿戴式的衣物裝備也是會場的特色。像是掛在脖子的冰涼頸圈、有電動風扇的空調服、像防彈背心一樣的低溫背心、內建小型電扇的摺疊傘……等，都是應用各種技術來幫人體降溫的巧妙設計。

空調讓衣著調適的情況變得更加複雜

理論上，當戶外的氣溫愈高，人們在室內的衣著應該愈輕薄吧？建築領域研究人員利用美國冷凍空調協會橫跨全球多個氣候區，主要針對辦公室、住宅、教室等空間所做的調查，收集了合計1萬多筆的熱舒適調查數據，發現確實呈現這樣的結果：戶外愈高溫，室內穿愈少。

接著，他們針對不同建築物內的受測者，進行分組的相關性分析。他們發現在**住宅**的受測者中，衣著量與戶外氣溫之間有非常**密切的相關性**，但在**辦公室**的相關性就**很低**，而在**教室**幾乎**沒有相關性**。

是什麼原因造成人們在住宅、辦公室、教室內的衣著量和戶外溫度有不同程度的相關性呢？讓我們先來看看這3類空間有什麼不同。

在**住家**時，人們的自主性很高，可以自由走動休息，開

關窗戶，喝冷熱飲，不到忍耐的極限也不會開冷氣（因為電費自己要付）。在衣著方面，可以依照自己的意願自由調整（穿得再輕鬆也沒有外人看到），所以衣著量會與戶外氣溫呈現密切的相關性。

　　辦公室通常有空調系統，而一旦開啟又沒人介入，最後設定的溫度常會是「怕熱的那群人喜歡的溫度」，也就是比一般人覺得舒適（約25-27℃）更低的溫度。

　　為什麼這麼說呢？一來電費不是自己出的，調低一點不會影響自己的荷包；二來當冷氣設在一般舒適溫度時，總會有個角落不涼，如果正好怕熱的人就坐在那裡，身上的衣服也已少到極限，這時只有再降低溫度，才能**滿足**他的需求，最終，我們就會得到一個**比舒適溫度低許多的溫度**。而怕冷的人，則不得不拿起準備好的外套穿上。所以辦公人員的衣著量其實和當時室內溫度較相關，和戶外氣溫關聯不大。

　　在**教室裡**，因為台灣學校的學生通常得穿**制服**，全班的衣著量可能都一樣，個別改變的機會不大。而且，制服通常是冬天一套，夏天一套，所以即使溫度有變化，不到換季時，衣著量也很難有改變。因此和戶外氣溫的關聯性更低。

　　冬天因為**門窗緊閉**、通風不好，室內仍持續有人體及**設備發熱**，導致室內氣溫可能遠高於戶外。如果是學生受限於制服，要穿一整套冬天的款式，雖然可應付一早的低溫，但

到中午時，脫掉外套穿著裡面的長袖襯衫還是太熱，只得在裡面穿短袖襯衫。

如此一來，也就能解釋為什麼常有「冬天穿短袖，夏天穿長袖」的問題了。

我們常為了舒適，利用空調控制建築室內環境過了頭，最後反而需要用衣著來調整適應室內的人工氣候。這種我們早已習以為常的情境，仔細一想還真是矛盾。

衣著溫度成本最低，效益最好

人類原本是利用衣著來適應外界溫度的變化，不知從什麼時候開始，人們把這個重責大任**交給建築物**來負責。然而，當建築物自然調節設計無法滿足人們對舒適的需求時，我們就會用**人為的空調**進行改變與控制，來滿足人們對室內溫度沒有止境的追求，衣著反而成為過度控制下讓人們舒適的補償工具。

改變這些思維才是根本的解方。這當然不容易，但受到2022年的俄烏戰爭影響，能源短缺、氣候變遷的危害加劇，歐洲人似乎被動地產生了改變。

《明鏡線上》（*Der Spiegel*）報導指出，在德國議會，德國財政部長在西裝下穿著黑色高領毛衣，聯邦住房、城市發

展和建設部長即使在室內也沒脫下大衣，還加了一條圍巾，眾多議員也是全程大衣、高領、口罩。

這是因為德國為了節省天然氣，下令全國室內暖氣的溫度不得高於攝氏19℃──聯邦議院也不例外，有人量測到室內只有18.2℃，走廊和門廳甚至根本不供應暖氣。

沒有人指責這樣的穿著**不莊重**，有位綠黨議員抱怨室內溫度過低，還受到全民的批評。一位德國學生就說，他們學校已經連續3年的冬天是這麼度過的，教室最低溫是13℃，19℃簡直是他們的夢想。

在法國，一向西裝筆挺的法國總理馬克宏也不穿襯衫領帶，改穿高領毛衣。連法國這麼講究時尚的地方都能改變了，也許有那麼一天，台灣也會將夏天穿著**輕便**視為一種因應環境的**時尚**，扭轉用衣著調適溫度的偏見。

2-4

過去經驗
溫度在你身體留下了記憶

溫度經歷決定了你當下的熱感受

　　你是否也和我一樣，每次走進熟悉的餐廳，總是猶豫著要點最常吃的食物，或者給新上架的餐點一個機會？你過去吃的每一頓飯，以及你對餐食的感想及評價，構成了你的「食物經歷」，而這些經驗與記憶，也成為你判斷現在**想吃什麼**，以及這一餐**好不好吃**的依據。

　　溫度也是一樣。從你出生到現在，你一定歷經了幾個不同國家、城市、空間、情境的溫度。想像著你從出生就綁了一個溫度計在身上，你現在將它取下連接上電腦，下載每一分鐘的溫度數據儲存成一個檔案，它就是專屬你個人的「溫

度經歷」，或稱作「**熱歷史**」（thermal history）。

　　「溫度經歷是人們當下覺得冷或熱最重要的關鍵。」當代熱舒適大師，澳洲雪梨大學建築系得迪爾（Richard de Dear）教授指出，古典的熱舒適研究，只依據人體暴露在氣溫、溼度、風速、輻射的生理熱平衡來評估一個人是不是舒適，但這遠遠不足，它會受到許多心理與行為的影響。這也是他長期探索人們心理與行為的熱調適，並造就了全球許多空調基準與建築設計重大革新的原因。

　　溫度經歷可以分成2個時間尺度：一種是**長期經驗**。通常是你多年居住、生活、工作地點的氣候，因為累積了數十年的經驗，你知道一年四季溫度的溫度如何變化，夏天有多熱，冬天有多冷，什麼時候早晚會有較大的溫差。

　　另一種則是**短期經驗**。短期溫度經驗的回溯期也許是上個季節或月分的溫度，也可能是昨天突然溫度驟降，或5分鐘前你剛剛走出冷氣房，曝晒在大太陽下的短暫經驗。

　　為什麼我需要區分這兩種經驗，還要試著定義出時間呢？因為人們對溫度的感受都取決於這兩種經驗，有時被長期的經驗主導，有時則被短期的經驗左右。讓我們從這兩種時間尺度，看看國際上幾個有趣的調查研究，證明溫度的經歷如何影響我們的感受。

長期經歷：累積數十年的長期印記

一個人的長期溫度經歷，要如何取得呢？在國際熱舒適性領域研究中，通常是以這個人成長、居住、工作地點的氣象站所記錄的溫度，來做為代表。

長期居住於高溫地區的人，較難適應較低溫的室內環境。得迪爾教授與Jowkar教授在英國合作進行了一項調查，以受測者的國籍或長期居住地為依據，並分析了他們的熱舒適特徵。研究團隊將就讀英國8所大學，共計3,873位學生的家鄉劃分為溫帶區（如英國、法國、德國）、寒帶區（如挪威、加拿大）和熱帶區（如新加坡、泰國、馬來西亞）。研究結果顯示，當置身於22-25℃的教室中時，來自熱帶區的人會感到**寒冷**，而來自溫帶和寒帶的人則認為溫度**剛剛好**。

高溫地區的人覺得舒適的戶外溫度，也高於低溫地區。尼科洛普盧教授（Marialena Nikolopoulou）在英國肯特大學進行了一項更廣泛的舒適性調查，她搜集了來自歐洲5個不同國家、14個城市，超過1萬份的熱舒適調查問卷數據，以分析各城市居民對於「**舒適溫度**」的認知。[註1] 研究結果顯示，在鄰

註1： 舒適溫度（neutral temperature，或稱中性溫度）代表人們覺得這個溫度不會太熱也不會太冷，是讓大多數人（八成以上）覺得剛剛好的溫度。這個溫度受到環境、生理、心理的影響，也隨著不同地區、季節、文化、族群而有差異。

近溫暖地中海的希臘雅典，人們對於舒適溫度的感知大約為22.8℃，而在更偏北、氣候較為寒冷的地區，如英國劍橋和德國卡塞爾，舒適溫度則分別降至17.8℃和18.5℃。

在同一個城市中，隨著季節變化，舒適溫度也會相應調整。以希臘的塞薩洛尼基（Thessaloniki）為例，夏季的舒適溫度最高，達到28.9℃，其次是秋季（24.7℃）和春季（18.4℃），而冬季的舒適溫度最低，僅有15℃。值得注意的是，各季節的舒適溫度都與**當季的平均氣溫**非常接近，這說明居民已經**適應**當地的長期氣候。

短期經歷：把手從冰水杯移到溫水杯的奇特感受

為了測試短期經歷對人們舒適性的影響，國際上有不少研究者會精心「設計」一個熱舒適的實驗情境，看看不知情的人們會不會掉入研究者的**圈套**。英國史蒂文森（Fionn Stevenson）教授就在雪菲爾（Sheffield）校園內的一棟教學大樓，巧妙地安排了這樣的實驗。

實驗是在冬天的時候進行，這棟大樓一樓的入口大廳沒有開啟暖氣，因此**大廳**內的溫度會很接近當時的戶外溫度；大廳旁的**討論室**內則開啟了暖氣，一直維持在23℃左右的恆溫，是當地人覺得舒適的溫度。

　　研究人員召集了600多位學生，先請受測者在入口大廳等待6分鐘，再進入討論室填寫熱舒適問卷，勾選他們當下的熱感受：即冷、涼、微涼、剛好、微暖、暖、熱的其中一項。由於天氣變化，受測前的大廳溫度都不太一樣，研究人員依此分成18℃、20℃、23℃三組，各別進行統計分析。

　　結果發現，受測前**氣溫較低**（18℃）的那組，有80%的人覺得討論室是暖和的，**滿意度較高**；但氣溫較高（23℃）的那組，卻**只有**30%的人覺得暖和，滿意度偏低。

　　為什麼不同受測組別的感受會有這麼大的差異？

　　這代表短期的溫度經驗，在你的身上**留下了印記**，改變了你對溫度的期待，間接影響了你當下的熱感受。當你從很冷的地方進入一個有適當溫控的暖氣房，因為你對升溫的**期待被滿足**了，就會覺得溫暖。不過，如果你原本就待在溫度還算舒適的地方，進入這個溫控室時的**升溫期待落空**，你就會覺得不夠暖和。這個感受的背後其實受到複雜的生理及心理機制所影響。

複合經驗：兩個平行時空的熱舒適實測

　　另一個實測則更有趣，跨國的研究團隊在較冷的韓國首爾、較熱的日本橫濱兩地，**同時**針對長期及短期的溫度經歷

進行探索。

　　雙方的研究團隊在兩個城市各建置一個實驗室，裡面維持相同溫溼度（氣溫28℃，相對溼度50%），並在兩地各招募了26個當地人至實驗室填寫熱舒適的問卷。特別的是，這些人都隨身**攜帶**了小型的溫溼度計，用來記錄他們近3個月的溫度經歷。

　　研究結果發現，長期生活在**低溫**環境的首爾受測者大部分都覺得實驗室的溫度「微暖」，而生活在**高溫**環境的橫濱受測者則表示「微涼」。

　　若進一步從受測者身上的溫度計記錄與填答的結果交叉分析，發現他們進到實驗室之前24小時內所經歷的溫度，影響了他們對室內的熱感受。愈近期的溫度，對他們當下熱感受的影響愈大。

　　在韓國與日本的這個合作研究發表之後，國際上也進行了很多類似的研究比較，得到大概一致的觀點：如果你之前在寒冷的地方生活了較長的時間，你會比較能接受較冷的環境；如果你之前在暖和的地方生活，你會比較能**接受**較熱的環境。同時，**愈近期**的經驗對你熱舒適性的判斷影響更大，例如前一小時的經驗會大於前一天的經驗，一周內的經驗會大於一個月內的經驗。

　　這也顯示了，我們對溫度的感受，是多麼強烈地受到我

們所處環境的影響。

台灣溫度經歷的探索

　　為了驗證這些現象在台灣是否也有類似的現象，我們研究團隊也進行了3個關於溫度經歷與人體熱舒適的研究，歸納了3個重要的發現。

　　首先，**台灣人的舒適溫度高於溫帶地區的西歐人**。透過大量的熱舒適溫度調查，我們發現台灣人可接受的舒適範圍體感溫度約在26-30℃左右，**高出**中西歐推薦的19-23℃許多。這也顯示出較熱區域人們的舒適範圍會高於較冷的區域。

　　其次，**舒適溫度在熱季時明顯高於涼季**。我們在台中國美館前的廣場進行熱舒適調查，在不同季節詢問人們對舒適的感受，並進一步分析出舒適溫度。研究結果發現，在熱季時（春、夏、秋）的舒適溫度為體感溫度25.6℃，涼季時（冬）為23.7℃，熱季就比涼季**高出**約1.9℃左右。

　　最後，**長期生活或居住地點愈往南部，舒適溫度愈高**。我們針對來台中的遊客進行舒適性的問卷調查，並以「待過最久的縣市」做為分組來統計其舒適溫度，分別是：北部人27.3℃，中部人28.5℃，南部人31.3℃。也就是說，**愈往南部**，人們的舒適溫度愈高，能接受的溫度也**愈高**。

隱藏在溫度經歷背後的不公平

讀到這裡你可能會有所疑惑,從這些國內外的研究,確實證明了熱舒適性與一個人的長期與短期經驗有關。然而,這種特性與溫度正義有什麼關係?有任何人受到不公平的對待嗎?

室內要**維持恆溫**的迷思,讓居住於較高溫地區居民需支出更多空調用電,也無法發揮建築自然通風的潛力,讓人們的舒適及健康受到危害,就是不正義。

古典的熱舒適理論主張,人體的熱舒適性是基於熱生理機制,人們在標準的衣著及活動下,有固定的舒適範圍,且**全球一致**。後來的學者就以歐美人的熱舒適調查結果來界定舒適範圍(約為氣溫25℃,相對溼度50%),廣泛應用於空調設計的準則。也就是說,熱帶國家的空調舒適目標,與溫帶及寒帶國家相同。這顯然與上述的溫度經歷研究結果相悖,且將對室內空間帶來兩大問題。

首先,這樣的主張將**導致更多的空調能源消耗**,也讓使用者覺得不舒適。在台灣的空調型建築物,如辦公室、會議中心、商場,如果室內需要達成和英國、德國等溫帶國家相同的舒適標準,得要耗費**大量**空調用電才能達成,還可能因為溫度降得太低,使人們在室內覺得不舒適。

　　其次，此種主張也將**阻礙建築誘導式設計**的發展。比如住宅、教室、車站大廳這些原本具有自然通風潛力的建築物，為了讓室內環境維持在狹窄的舒適範圍內，連涼爽的春天與秋天都得關閉窗戶開冷氣，**扼殺了**建築物能以開窗通風、遮陽隔熱等誘導式手法創造舒適環境的機會，大大影響建築節能及永續發展的潛力。

隨當地當季氣候條件進行調適，才是永續之道

　　這個區域性不公平的問題也被看到了。在得迪爾教授與全球多位學者專家的長期研究下，主張室內的舒適範圍，應該要隨著該地的**月平均溫度**而變動：在月均溫愈高的月分（如6至8月），舒適的溫度會隨之愈高。這就是著名的熱調適模型（adaptive model），在2004年起已經納入美國冷凍空調協會的正式規範（ASHRAE Standard 55），通風型或空調／通風併用型的建築可以提出這個評估方法，設定室內舒適溫度範圍。[註2]

註2：　這項研究是由ASHRAE資助的RP 884計畫，在四大洲不同氣候區的160棟建築中進行熱舒適性現場研究，總共收集了21,000組數據，除了進行詳細的物理測量，並針對熱感覺、可接受性和偏好做問卷調查，以確定最佳室內溫度和室外溫度之間的關係。

　　而從2007年起，熱調適模型也納入歐盟建築物的室內環境法令（EN 15251），它根據室外溫度，為自然通風建築和有空調的建築，分別設定了不同的舒適溫度範圍，並充分考量建築物的類型和用途、居住者的年齡和健康狀況、建築物所在的氣候條件。目標是在包容及公平的基礎上，建立一個兼顧節能及舒適的室內環境。

　　然而，這些方法僅能適用於具有自然通風潛力的建築物，目前仍無法完全適用於全年空調型的建築物（如辦公室、會議中心、百貨商場等）。這導致空調型建築物仍會因為空調超量設計，或過低的室內設定溫度，而產生龐大的能源消耗，這對於像台灣這樣位處高溫高溼地區的國家，相當不利。

　　不過，我們仍然可以應用這些長短期溫度經歷與氣候調適的思維，做些改變，以確保溫度正義。

　　首先，是室內氣溫的設定，**應隨季節特性做調整**。以往我們常覺得夏天的空調溫度應該設定低一點，才會覺得涼快。但依照上述多個國家的研究結果，在春秋時反而需將溫度調低一些，夏季則可以調高一些。比如說，當夏天的氣溫已達35℃時，室內只要27-28℃，再配合風扇的開啟，就可以符合我們的需求。

　　其次，是大廳、穿堂等過渡性質的公共空間，應**避免開**

啟冷氣。如同前述英國雪菲爾大學的例子，在大廳避免開啟冷氣，讓人們在這裡「有點」不舒服，等到人們進到各個室內空間時，即使溫度並未設定得很低，但因為期待得到了滿足，就會覺得涼快。

最後，個人在空調空間內的**停留時數應該減少**。當你停留在冷氣房的時間愈長，你對低溫的期待就愈高。試著讓自己避免長時間待在冷氣房，或是調高室內空調的溫度，你就可以減少對空調的依賴，除了感覺舒適、過得健康，還能降低能源的消耗。

2-5

控制期待
做溫度的主人

冷氣機改變了你對溫度的期待

　　某個夏天中午你走進一家麵店，坐下來準備點餐。你是這裡的常客，對這裡的溫度沒什麼特別冷或熱的感覺，不過就是吃碗麵嘛，吃一下就走了。直到你**瞧見**牆上有一台老闆新裝的冷氣機，桌上放了個遙控器，你開始覺得身體熱了起來，渾身不自在，想要去**拿遙控器**啟動空調。

　　過去長期及短期的溫度經驗，影響人們對當下溫度的感受。不過，空間的情境——特別是**設置了空調**，將加深我們對溫度的**期待**。

　　在熱帶地區，有個空間裡裝了冷氣機，人們便會期待低

一點的溫度；若是在溫帶地區，空間內的暖氣機，會讓人們期待高一些的溫度。

這是什麼原因造成的？會引發什麼問題？讓我們從以下兩個熱舒適實驗結果來探討。

喜好溫度：讓人們低溫上癮的原因

空調技師布許（John Busch）在針對辦公室使用者所做的熱舒適調查中發現，人們在冷氣辦公室的舒適溫度是24.5℃，比自然通風辦公室的舒適溫度（28.5℃）低了4℃。

同樣的，溫帶地區的室內若有暖氣機，人們便會期待高一些的溫度。里賈爾教授（Hom Bahadur Rijal）針對日本東京3萬多份住宅使用者的熱舒適調查發現，在冬天時，人們在有暖氣的住宅中的舒適溫度是19.9℃，比自然通風的舒適溫度（17.6℃）高了2.3℃。

為什麼會有這個現象？我們得先了解「**舒適溫度**」與「**喜好溫度**」的差別。「舒適溫度」代表人們覺得剛剛好的溫度，是**你能接受的**溫度；而「喜好溫度」代表了人們內心期待的溫度，是**你喜歡的**溫度。[註1]

但是，接受這個溫度，不代表你喜歡這個溫度，因為你有所期待。

　　第一種期待，是源自於你出生或**長期生活**的地方。許多國際研究都指出，在較熱的區域，人們的喜好溫度（約25℃）會比舒適溫度（27℃）低；在較冷的區域，人們的喜好溫度（22℃）則高於舒適溫度（20℃）。

　　這說明了，儘管在較熱的區域人們能「接受（或容忍）」較高的溫度，卻並不代表他們「喜歡」高溫，而會期待更低的溫度。舒適溫度與喜好溫度之間的差異，代表你對溫度期待的程度。這個溫差愈大，就代表人們的期待愈高。

　　第二種期待，是源自於**空間特徵**──設置空調就是一種典型的樣態。當空間設有空調系統，你就會覺得它應該要被開啟，開啟後你應該會覺得涼，如果不涼你應該要把溫度調低一點。因此，在有空調系統的情況下，人們的期待會增加，舒適與喜好的溫差值就會變大。

　　這引發了什麼問題？

　　為了讓人們覺得舒適，我們在空間中裝置了空調。但於

註1：　舒適溫度代表大部分的人覺得不冷也不熱、可以接受的溫度，而喜好溫度（preferred temperature，或稱偏好溫度）代表人們期待或喜愛的溫度。前者代表感受，後者代表期待。舒適溫度是詢問受測者覺得目前的溫度冷、剛好，或熱，一共有7個等級；喜好溫度則是詢問受測者希望目前溫度涼一點、不改變、熱一點。每個人的感受與偏好都不同，所以舒適溫度及喜好溫度都是透過大量受測者的實測及問卷調查統計得出。

此同時，也墊高了人們對熱舒適的期待。經驗與期待就這麼相互助長，讓熱帶地區有冷氣的空間溫度愈來愈低，溫度的不公平就由此而生，因為這耗用了更多的能源，排放出更多的廢熱，也未必每個人**都能適應**過低的溫度。

讓我們來看看台灣的例子。

高雄師範大學黃瑞隆教授針對台灣中部與南部的36間空調與自然通風教室的熱舒適性調查指出，空調教室的舒適溫度為25.6℃，喜好溫度為24℃，溫差為1.6℃；而自然通風教室的舒適溫度為26.2℃，喜好溫度為25.2℃，溫差為1℃。

這顯示了台灣民眾期待一個比舒適溫度更低的氣溫，同時，這種期待在有冷氣的空間中更顯強烈。這背後的隱憂是，當我們在**愈多的空間設置空調**，將強化民眾對低溫的期待，讓我們「**低溫上癮**」。

對品質的期望，提升了人們對溫度的要求

「沒這麼嚴重吧，不就是溫度低個一兩度而已？」也許你覺得這種描述危言聳聽，讓我們先看看日本研究者所做的這個有趣的調查。

京都大學千惠美教授針對旅館的國內（來自關東地區）與國外旅客（來自東南亞及南亞，包含馬來西亞、印尼、印

度、伊朗）所進行的熱舒適調查發現，日本房客的室內溫度設定在24.9℃，比舒適溫度（約26.1℃）低了1.2℃左右。但東南亞房客的溫度設定是22.1℃，與他們平日生活地區的舒適溫度（約28℃）相比，足足低了6℃之多，溫差竟然是**本地房客的5倍**。

這個期待的主因來自於對旅遊品質的期待。「既然出來玩，居住品質總要比平常生活**好一點**吧！」房客們也許會這麼想吧。若是國外旅遊，因為花費的金錢及時間更多，產生的期待會更高。

千惠美教授研究團隊也提出另一個原因：東南亞及南亞區域原先冷氣機的普及率不高，被視為**奢侈品**，而隨著經濟的發展，近年來冷氣機普及率迅速增高，當地民眾也將冷氣視為維持生活品質、提高工作效率的一種**獎勵及享受**，這也許是這些人將溫度降得特別低的原因。

長期研究建築能源、城市發展、全球經濟的英國羅欣頓・艾曼紐（Rohinton Emmanuel）教授也指出，當**赤道上熱帶國家**（如非洲、南亞、東南亞、南美洲）經濟開始成長，人民的生活品質提高，也提高對室內舒適性的**期待**，空調的耗電量勢必會急速增加。

艾曼紐教授出生於南亞的斯里蘭卡，目前居住在英國格拉斯哥，十分理解生活品質提升對於能源使用的影響。有次

見到面，我和他提及台灣熱舒適性及空調耗能的相關研究，也聊起他撰寫的前述文章內容。

「先進國家過去浪費了這麼多能源，實在也**沒有權利**要求這些赤道上的熱帶國家降低對舒適的期待，」他頗有感觸地告訴我，「然而，這裡人口眾多，又是全球最高溫之處，未來恐將成為全球空調能源消耗的**最大熱區**，是難解的公平議題。」

遭扭曲的熱舒適：從滿足期待到尋求刺激

不過，當溫度控制由滿足期待變成尋求刺激，離譜的狀況就可能發生。

有一回太太出國在杜拜轉機，因為等候的時間較長，就安排了半天的市區公車旅遊。她傳了一張等車時的相片給我，我看了十分納悶，怎麼人行道上會蓋一棟玻璃屋呢？一問之下才知道原來是公車候車亭，而且內部**全空調**！大面的玻璃會讓陽光直射至候車亭內，使室內氣溫極高，肯定需消耗大量能源運轉空調讓室內降溫。

而同樣臨接波斯灣，被稱為「下個杜拜」的卡達，也不遑多讓，人口約200多萬人，擁有豐富的石油和天然氣資源，天然氣儲量是全球第3名，國內生產總值的人均排名則為世界

第一。

　　卡達終年高溫，居然異想天開要在戶外的空間降溫。在當地一個市集廣場中，戶外桌椅旁是一整排的空調系統，1公尺高的空調機組朝著咖啡館顧客吹送冷風。而在一家來自法國連鎖奢華百貨公司的戶外，鵝卵石人行道上帶有時尚感的**格柵**竟是**空調出風口**，朝著戶外可能高達40℃的高溫環境吹出15℃的冷風，只為了讓戶外的購物者行走暢快，讓顧客在熱帶體驗溫帶的刺激感受。

　　這個現象被得迪爾教授稱為**熱刺激**（thermal alliesthesia，或熱愉悅、熱快感）理論。「當一個人脫水時，水的味道會特別好，會想多喝點水；當一個人空腹很久時，食物味道會更好，會吃得比平常多。」他用這個例子來說明熱刺激，並進一步闡述，「同樣的，當長期處於高溫的時候，人會受到生理及心理的影響，尋求更多的降溫刺激以達到**滿足**。」

　　因此，我們對溫度的需求還不只是為了舒適，是一種享樂與刺激，以創造不同的體驗。特別在長期處於高溫的狀況下更為明顯，需求一發不可收拾。如果溫度的追求是透過人為方式，例如使用空調系統營造過低或過高的溫度，這就十分耗費能源，還會排熱排碳，對他人的權益構成傷害。

利用期待，找出舒適與節能兼顧的解方

為了達到室內的舒適性，人們當然沒辦法、也沒必要回到過去完全沒有空調的世界。不過，在節約能源的目標下，善用期待的心理特色，倒是有幾種方式能夠順應（或是**騙過**）人們心中的期待，而減少空調的使用。

要促進自然通風空間的應用，**窗戶開啟**是關鍵。當你走進一個空間，看到裡面的窗戶是開啟的，即使裡面有冷氣機，你就會認定它是一個自然通風的空間（至少目前是），我們對低溫的期待就會降低，舒適溫度可提升一兩度。

同時也要**減少開窗的潛在阻力**。依照計畫行為理論，[註2]開窗的阻力有3種：一是**社會規範因素**，你是否被允許開窗、會不會不好意思開窗？二是**自我能力不足**，有些窗戶找不到開啟的方式、把手在太高的地方、不好施力開啟；三是**外部環境限制**，有時窗戶前有書櫃及阻礙物、裝設了窗簾，或根

註2： 知名的社會心理學家艾澤克・艾真（Icek Ajzen）於1985年提出的計畫行為理論（Theory of Planed Behavior, TPB）。他認為一個人決定做某個行為時，是受到他自己的態度（自己想不想做）、社會的規範（別人覺得你該不該做），以及行為控制知覺（perceived behavioral control, PBC）第三方面的影響。PBC包含自我效能（我做不做得到）及外部資源（環境有沒有提供支援，或造成阻礙）兩部分，是國際上探討熱調適性時普遍會引用的理論──當你對溫度有調整及控制的權限及能力時，你對熱舒適的滿意度就會提高。

本封住打不開。

因此，我們要使窗戶本身讓人容易操作，環境上也要對想開窗的人友善，暗示這個空間歡迎使用者開窗。過去的研究顯示，只要讓一個人**知道他有開窗的權利**，對室內的滿意度就可提高——即使他最後甚至並未開啟任何一扇窗！

要讓室內空調使用更節能，「溫度控制」是關鍵。其一是要提升使用者對室內溫度控制的能力。例如，將室內空調的控制器置於**容易取得**的地方，而且**操作簡單**等。其二要讓更多人能參與表達，降低外部環境限制。目前台灣有不少國高中用投票來決定要不要開冷氣，或訂立相關的空調使用及溫度設定規範，都是把溫度設定納入**程序正義**的具體做法。

在美國的密西根州、威斯康辛州也有研究，可以透過手機、智慧手表等個人化的數位裝置，收集分析人體的生理訊息，參與者還能輸入主觀想法，來**共同決策**室內的溫度。透過這種方式，可提高53.7%的滿意度。

窗戶開啟或溫度調整這兩種方式，重點並非是一定要達到「實質控制」才能發揮效果，更重要的是讓使用者**知道他們具有「控制能力」**。因為，當他了解自己具有這個自由選擇及控制的能力，他的期待就能獲得滿足，對於熱舒適性也會有更高的容忍度及接受力。

Chapter 3

產　業　衝　擊

3-1

餐飲
美食就該佐以適溫

從餐廳的室溫觀察當地人對「溫度正義」的態度

出國旅遊到餐廳用餐時，除了享受美食之外，我也常留意用餐區的溫度。

有年夏天，我來到越南孫德勝大學建築系交流，熱心的老師騎著摩托車載我參訪幾棟胡志明市區著名的建築物，包含中央郵局、耶穌聖心堂、統一宮。接近中午的時間逛完景點，一群人滿身大汗，來到一家餐廳準備用餐。

這是一個由駐外使館改建的著名越南菜餐廳，建築物外觀十分典雅別緻，很多外國客人喜歡來這裡用餐，入口處的菜單價格顯示是個高價位的餐廳。

「不會吧，東西賣這麼貴的餐廳居然**沒冷氣！**」這是我一走進室內的直覺反應。

不過，當我坐下環顧四周，發現窗戶都開啟著，引入徐徐涼風，再配上清爽的食物，用餐時倒也覺得舒適暢快。

在當地工作的好友後來也帶我到幾處用餐，有公寓頂樓的開放式咖啡館，舊宅邸改建的亞洲料理餐廳，湄公河岸甲板上的海鮮餐廳，全都是半戶外的開放空間，風大一點時樹葉和雨滴都會飄進餐廳，將自然環境引入室內來緩解這個時節的悶熱感，十分高明。

幾天下來我的觀察心得是，除了在購物中心或百貨公司裡的餐廳原本就有中央空調之外，愈是高級的餐廳，用餐區設在半戶外或是自然通風的面積就愈大，而且愈少裝設或開啟冷氣。

但是，在幅員遼闊，能源豐沛的美國，使用冷氣的態度則截然不同。

另一年夏天我到紐約參加一個都市氣候研討會，晚宴是在時代廣場附近舉行。那天最高溫是33℃，當我從戶外悶熱擁擠的街道進到餐廳內，彷彿瞬間從熱帶走入寒帶，牆上的溫度計顯示為21℃，對照這場研討會的主題──氣候調適，真是極其**諷刺**。

低溫的餐廳讓你食欲好又舒適，卻消耗能源

餐飲業是容易受到高溫影響的產業。高溫會提高食物購入的成本，也增加食材變質的風險，更直接的是，升溫會降低顧客在餐廳內的熱舒適性。

為什麼用餐時我們期待低溫？這可以由生理及心理兩方面來解釋。在生理方面，當我們吃東西時，血液循環及新陳代謝的增加都會使身體產生熱量，如果吃的又是熱食，我們還會感覺更熱。

在心理方面，我們到餐廳用餐，也會將「環境舒適度」列為餐廳提供的服務或享受的一部分，因此，人們會渴望餐廳的溫度比一般空間更低。舉例來說，五星級旅館、高檔的百貨公司內部的餐廳，冷氣溫度確實就比一般旅館及小商店的溫度低了一些，我們無形中會將「品質」與「低溫」**劃上等號**。

對業主而言，降低室溫除了能維持食物的新鮮度外，另一個重點原因是，低溫能夠促進顧客食欲！丹麥研究指出，當教室保持涼爽時，學童會覺得**更餓**；當東京家庭的冷氣普及率提高，學童在暑假時體重也隨之增加，研究人員依數據推論是涼爽的居家環境使食欲增加。因此，**餐廳保持低溫，能讓顧客吃得舒適又吃得多，似乎是兩全其美的方式。**

不過，低溫的餐廳就造成了空調用電量增加的問題。羅徹斯特理工學院研究團隊發現，美國有高達89%的餐廳，夏天營業時的室內溫度已低於美國冷凍空調學會對室內熱舒適的規範，既浪費能源又不舒適。

研究團隊進一步發現，只要調高冷氣溫度，便能有效減少耗電，而且在愈熱的地區成效愈好。夏季室內冷氣溫度每升高1℃，最多可減少3.3%的空調用電。他們更進一步指出，如果全美的辦公室及餐廳的冷、暖氣溫度設定都符合室內熱舒適的規範，美國每年能省下約2.5%的用電量，這相當於**美國太陽能板的一年發電量**。

各國逐步管制冷氣溫度，餐廳是第一波管制對象

「公告：由於高溫，我們決定今天及明天暫停營業。」

2022年英國氣象局首次發布「極熱」紅色預警後，**英國**曼徹斯特的多家餐飲店，在網路上做了這樣的公告，來保護員工及顧客免受極端高溫衝擊。而該周英國冷氣的銷售量，是過去同期的14倍，顯見空調的需求巨幅提升。歐洲許多國家都意識到，隨著氣溫升高，餐廳、商店、車站這類公眾空間，會受到更大的衝擊，在提供空調以確保使用者的舒適之外，也必須管控餐廳這類供公眾使用空間內的冷氣使用狀

況，以免能源耗用失控。

西班牙針對辦公室、商店、酒吧、劇院、機場和火車站等公共場所規定，空調溫度不得低於27℃，酒吧、餐館和理髮店因有特殊的需求，可放寬至25℃，其它如希臘、**義大利**也都要求公共場所的空調不得低於27℃。

另外，也有不少國家強制所有開啟空調的商店需緊閉門窗，以防止冷氣外洩，減少能源使用，並有相關的罰則：**法國**政府制定罰金為750歐元（約台幣22,500元），**韓國**則是第一次罰50萬韓元（約台幣11,500元），最高可累計達600萬韓元（約台幣14萬元）。

在**美國**，能源部在2019年時「建議」住家室內溫度設定在25℃，睡覺時為27℃。這樣的建議我們看來還算合理，在當時卻引發了美國民眾的群起撻伐。

「如果你把室內溫度設在高於25℃，你**為什麼還需要空調**？」一位網友這麼回應。一個針對德州中部居民的調查顯示，有八成的人，在家中將溫度設定在24℃以下，有三成的人低於20℃。如果是辦公室，還會再低1-2℃。

看來，在美國要將冷氣溫度納入管制，恐怕困難重重。

當餐廳享有冷氣溫度「豁免權」，影響的是誰的權益？

在台灣，早在2013年就已規劃旅館、百貨、量販店、便利商店等20類營業場所「室內冷氣溫度上限值26℃」。餐館及美食街雖然在管制對象之列，但當時考量到用餐時段，烹調及食物都會發熱，因此用餐時段的冷氣溫度不受此限。

換句話說，只要在用餐時段，即7點至9點、11點至14點、18點至21點，餐廳就有溫度限制的「豁免權」，業者想開多冷都行。這導致了一些餐廳在用餐時段冷氣溫度很低，2023年新聞報導中的一位**麻辣鍋業者**就表示，該餐廳用餐時段的冷氣溫度，夏天中午設定的是19℃，晚上則為21℃。

2023年4月，政府決心出手導正，要求即使在用餐時間，餐廳的空調溫度也不能低於23℃。一開始鼓勵業者自主管理，當時有32家包括觀光旅館、連鎖餐廳、會議中心等服務業業者，共1,300處據點率先響應示範節能，自動參加溫控活動。如果實施成效良好，也許未來有機會納入原先的規定中，補足餐廳在用餐時間冷氣溫度「豁免權」的漏洞。[註1]

這個政策一開始推動時，對一般餐廳影響不大，業者也可因為政府的規定而能減少空調使用，省下電費。不過，對於一些經營火鍋、燒烤的業者，影響就不小了。畢竟用餐

時顧客是待在類似廚房般烹煮發熱的環境，如果顧客覺得不涼，恐怕就會影響**消費意願**。

如果從溫度正義的觀點來思考，當餐廳空調溫度調低時，**誰的權益會被剝奪**？

顧客付費來餐廳，預期裡面涼爽舒適；**業者**開啟冷氣維持舒適，是為了滿足消費者的期待。然而，當溫度調得過低時，**餐廳周圍及都市居民**的權益就會被剝奪。氣冷式空調室外機會排放高達45℃廢熱到戶外，使戶外氣溫上升。這不僅造成惡性循環，使得空調運轉的時間及強度又增加，也降低了餐廳周圍及都市居民的生活、工作、睡眠品質。

為了避免這個狀況，仿效先進國家透過**公權力介入**管制這類公眾空間的溫度設定，似乎是無可避免的手段。不過，如果能依照餐廳的性質、時間、地點進行考量，針對「冷氣設定溫度」及「實際座位區溫度」的差異做彈性的因應，也許是更能讓民眾接受的做法。西班牙就有應業者及民眾的需

註1：經濟部於102年3月14日依《能源管理法》第8條公告與修正「指定能源用戶應遵行之節約能源規定」，新增「室內冷氣溫度限值」節約能源規定，規定百貨公司、量販店、便利商店等11類服務業之營業場所室內冷氣平均溫度不得低於26℃，並於103年8月1日擴大納管對象至20類服務業。不過，餐館或其它能源用戶附設之餐廳或美食街，於7時至9時、11時至14時及18時至21時之時段，不在管制範圍，可視為餐廳在用餐時間冷氣溫度「豁免權」。

求，讓酒吧、餐館和理髮店可由27℃的一般規定，**放寬**到可降至25℃的特殊規定。

餐廳用對空調系統，不降溫也能舒暢吃火鍋

當冷氣溫度調高時，部分經營燙口熱食業者的生意可能會受到影響，所以應該思考的是，如何在「不調降冷氣溫度」的狀況下，還能維持用餐的舒適性。

首先是空調設計。「環境舒適的關鍵條件不只是氣溫而已，溼度及氣流的控制都很重要！」洪國安博士指出，餐廳業者應依照餐廳類別，選擇合適的空調系統及出風口配置。就拿你我最關心的火鍋店為例吧，因為湯品的蒸散量大，適合安裝冷媒盤管較厚的商用箱型主機或吊隱式冷氣機，這類機型能更有效地凝結空氣中的**水分**排除潛熱。他進一步指出，應該提高循環風量，選用適合的**出風口**型式，減少空調出、回風的短路循環，即可為火鍋店提供舒適環境，讓用餐者感到涼爽。

再則是用餐管理。包含提供因應季節及天候的食物、友善並鼓勵輕便衣著的用餐環境、配合戶外的溫度進行開窗及風扇的調整，都會是有效提高顧客用餐舒適性的做法。

3-2

運輸
印度嘟嘟車與低溫車廂

印度嘟嘟車

「看來這裡是招不到計程車了，」我指著那台有頂蓋的三輪摩托車，問身邊的好友安德烈，「我們搭嘟嘟車（tuk-tuk）如何？」

在一個炎熱的夏季，我和安德烈各自從台灣及德國飛往印度海得拉巴（Hyderabad）參加一場國際會議，當我們參訪完知名古城古爾康達堡（Golconda Fort）要離開時，門口只有一整排的嘟嘟車，司機悠悠地看著我們，大概在想我們到底要撐到什麼時候才願意搭車。

「來啊，就搭吧！」安德烈雖然笑著回話，臉上表情卻

誠實地透露出不安。

這台嘟嘟車是綠色車身搭配黃色頂棚，司機坐在前座正中央操控，我和安德烈兩人體積都不小，一番折騰才擠進後座。比手畫腳說明旅館位置後，司機便飛快地駛向目的地。因為兩側沒有門板，我們只能用力抓緊兩旁的鐵管，以免急轉彎時被甩出車外。

行車途中儘管外面很熱，但車內卻十分涼爽。因為車子的頂棚使太陽無法直射，兩側沒有門板格外通風。當我們安全抵達，完成這趟驚奇之旅，身上的汗也被風吹乾了。

在我看來，嘟嘟車是一種氣候調適能力良好的交通工具。雖然車內氣溫幾乎和戶外相同，不過頂蓋遮擋了原本要被人體吸收的太陽輻射量，開放式車廂在移動時產生的強烈氣流則加速了人體熱量的釋放，依我們過去的實測經驗，人的體感溫度大約可比戶外低5-8℃。

除了印度之外，泰國、菲律賓、柬埔寨等東南亞國家都能見到嘟嘟車的蹤跡。不過，當人們收入增加，生活水準提高，當然也會期待搭乘的交通工具是舒適的，空調自然就成為標準配備，此時，如何設定溫度就成了氣候調適的關鍵。

香港的懷舊熱狗與日本弱冷車廂

　　除了餐廳之外，交通工具也是觀察當地人們對溫度的喜好，以及對氣候適應態度的重要場所。

　　有一回在炎熱的夏天到香港開會時搭了雙層巴士，剛上車時非常涼爽，但待久了就覺得簡直像冷藏庫一樣冷，鼻子開始過敏流鼻水。難怪香港中文大學建築系吳恩融教授曾經告訴我，香港全年**最冷**的地方就是**夏天的辦公室及車廂**，果然所言不假。

　　後來我查閱相關報導才發現，香港當地環保團體曾在某一年的6月至8月期間調查70輛冷氣巴士的溫度，近九成巴士的溫度低於25.5℃，平均只有22.8℃，最低溫更只有15℃。如果以香港夏季平均溫度31℃來比較，車廂內外的溫差高達8℃，他們建議政府應該適當**調高**冷氣溫度，避免造成健康的影響。

　　有趣的是，針對香港巴士溫度過低的狀況，還有一群人組成拒絕空調冷氣巴士的社群，專門倡議巴士內溫度不該過低，並常常將車內溫度太低的情況回報給政府。至今仍有一群鍾愛俗稱「熱狗」（非空調巴士）的懷舊人士，不願它們就此被遺忘，甚至自掏腰包修復「熱狗」，偶爾把它們開上路繞一圈，希望保存香港人的集體回憶。

　　不過，香港的公共運輸業可是把交通工具內的空調溫度

列為重要的顧客服務指標。港鐵公司長年將車廂溫度維持在攝氏26℃以下，目前達成率大概98%以上，也就是在港鐵上你幾乎都能「享受」到低於26℃的溫度──你想調高一點還不行。

相反的，日本的電車早已考量到不同乘客對溫度舒適的需求。1984年京阪電鐵首次引進「弱冷車廂」，民營化後普及到JR各公司。目前大部分的電車都配備有一節「弱冷車廂」，車廂溫度為28℃，比普通車廂的溫度26℃高出2℃。有次到日本搭地鐵時，我特意進到「弱冷車廂」感受一下，它通常是設置在列車的第2節車廂。我發現人少的時候比較明顯感覺溫度稍高，當人數增加的時候，系統應該是增加了風量，因此對我而言還算舒適。

不只日本，其它溫帶國家的交通工具，未來都得面對高溫的挑戰。倫敦地鐵的部分路線及車廂內是沒有冷氣的，或冷氣不夠涼。記得幾年前的夏天到過倫敦，天氣很熱，我只能挨在車廂與車廂接連處的通風小窗口，嘗試吹乾身上一直冒出的汗。

台鐵及高鐵的車廂溫度普遍過低

台灣大眾運輸工具上的空調溫度，一直是我十分感興趣

的議題。

　　小時候常搭乘台鐵藍皮的普快列車，內部是沒有空調的。中央走道上有個鐵製的電風扇會旋轉，兩側的窗戶還可以往上滑開，簡直是氣候調適的極致表現。

　　後來火車上的空調逐漸普及，記得十多年前列車空調還不是中央控制，是由車廂前方門邊的旋鈕來控制溫度，當有人抱怨太熱，列車長就把溫度調低，有人抱怨太冷，就再把溫度調高，有時也會有乘客如我，自己動手去調，導致每個車廂的溫度都不太一樣。隨著這幾年台鐵的設備升級，現在車廂溫度已經改為電子式溫控，並由列車長管理。

　　不過，實際上車廂內的溫度如何？乘客滿意車廂內的舒適度嗎？

　　我曾在2008年找了一位大學部的學生，以這個議題進行巴士及火車上溫度的調查。[註1] 實測的結果顯示台灣列車上的平均溫度仍偏低，只有客運巴士較接近台灣人的平均舒適溫度（26-27℃），長程火車如自強、莒光號略低（25-26℃），區間車因常需開關車門，是溫度設定最低的台鐵車廂（24-

---

註1： 那一年他很認真地搭乘不同的車輛，量測溫溼度等數據，還針對乘客發放問卷，詢問對方對冷或熱的感受。最後他總共搭了43個車次的班車，做了2,129份問卷，試想如果是我在他這個年紀，肯定沒這個勇氣在車上拿著儀器測量，並請人填寫問卷。

25℃）。

近年來我也開始隨身攜帶溫度計，來記錄生活中經歷的溫度。台灣的氣溫是愈來愈高，但是車廂內的溫度卻是愈來愈低。在這一年的記錄中，高鐵車廂平均是在23-24℃，還算穩定，但也曾在5月分測得21.9℃的低溫。而在清晨人數稀少的台鐵莒光號，我曾經測得20.6℃的極低溫度，有經驗的乘客都有**穿外套**，顯然對內部的低溫早有防備。

運輸業者應設定合理車廂溫度

運輸業者消耗更多的能源把車廂溫度降低，無非是為了乘客的舒適性，然而，真的有達到這樣的結果嗎？

首先，讓我們從問卷檢視車廂內的乘客到底覺得舒不舒適。統計結果發現，夏天時有高達64%的乘客覺得車廂內「太冷」。表達太冷，代表了車廂內空調溫度低於乘客的「舒適溫度」——可以定義為讓八成以上的人覺得不冷也不熱，剛剛好的溫度。

當我們把車廂內量測到的溫度值，與乘客主觀的感受進行交叉分析，就可以得到乘客的舒適溫度，大概落在26.2℃（短程車）至27.4℃（長程車）之間。如果對照一下前面提到的車廂溫度，大部分平均值都在25℃以下，但也有不少的情

況低於23℃，比舒適溫度低了3℃，難怪乘客會**覺得冷**。

但是，運輸業者會因此把車廂內的溫度調高嗎？我猜是不會。溫度高於舒適溫度時，總有一些乘客會覺得太熱而抱怨或投訴，這些乘客心中的想法大概是：「我都花錢搭車了，冷氣還不能滿足我對舒適的要求，到底在省什麼啊？」

因此，業者寧可把溫度調低一點，滿足那些怕熱的乘客。那怕冷的呢？通常這些人會帶一件外套，心想：「太冷就穿上外套吧，反正更好睡。」在我們的統計資料中，太冷時有高達70%以上的乘客會調整衣著，但只有不到30%會嘗試向列車人員反映調整溫度。

說來不太公平，但車廂的空調設定溫度確實大多是為怕熱的人考量，因為車上若太熱會很難調適，沒有電風扇也不能換短褲，所以容易有抱怨。這和辦公室一樣，溫度總是設定在**最怕熱的那個人喜歡的溫度**，其它人只好穿外套來禦寒。

對業者而言，應該要為了避免抱怨，而將溫度設定低一點，耗費能源以滿足期待低溫的乘客；還是要符合節能永續，將溫度設定得適中，但可能會引發怕熱乘客的**不滿**？

由我看來，這是個困難的抉擇，但若是有更多的乘客願意對偏低的車廂溫度表達意見，不支持這種不僅不健康，還會耗費有限資源，排熱造成地球暖化的溫度設定潛規則，也許會讓運輸業者更有意願朝永續之路前行。

3-3

營建
戶外工作者的高溫煎熬

一通來自警局的電話

我研究室的畢業生，除了進到公家單位或建築師事務所外，也有些會進到營建工地擔任監造人員，常需暴露於高溫日晒之下，十分辛苦，但也因而有機會學習到許多設計及工程上的界面整合，快速累積專業職能而成長。近期在研究熱舒適過程中，看到這個發生在營建工地的高溫意外事件，聯想起我的學生們，心中格外有感觸。

提姆・巴伯（Tim Barber）出生在美國紐約州北部小鎮，今年35歲，為了多和家鄉的朋友相處，吃媽媽煮的好菜，他選擇待在家鄉的一間營造廠工作。周一是他第一天上工，工

地是在提姆家附近的一處河邊橋墩，他大部分時間都在橋墩上整理螺栓，讓其它工人用來固定護欄。下班回家後，爸媽見他全身晒傷，也顯得十分疲倦，因此他很早就進房休息了。

「周二那天早上，提姆很早就出門了，我特別提醒他要吃午餐，要喝水。」儘管事情已經過了一年多，當提姆的父親向記者描述那天的事，彷彿還像剛剛才發生般清晰。「那也是我最後一次見到他。」

周二，是提姆做這份工作的第二天，也是他人生的最後一天。他在36℃的酷熱中，在沒有食物及水的狀況下連續工作了8小時。2020年7月7日下午2點50分左右，他搖搖晃晃地走回卡車，嘔吐後倒下。在送往醫院急救途中，被宣布因體溫過高導致熱疾病而死亡。下午3點半，提姆的父親接到一通從警局撥來的電話。

「我完全沒有心理準備會接到警局的電話，要我上救護車指認兒子，因為他死於熱疾病。」父親難掩悲傷地說，「我覺得他每天都會回家。」

「我要強調的是，雇主有責任提供一個安全的場所。」他語氣堅定地說，「如果雇主花時間做好高溫預防的準備，這種情況就永遠不會發生。」

營建工人超乎比例的熱疾病發生率

根據美國職業安全衛生署（OSHA）後來的調查，提姆的雇主沒有妥善地進行熱暴露管理計畫，包含未培訓他如何在高溫環境下工作，未提供足夠的水供飲用，未設置遮蔭的場所供休息。雇主需負擔賠償責任，也需限期改善。

在美國，營建工人雖然只占總勞工人數的6%，但高溫致死人數卻占了36%。其中，水泥工與屋頂工死於高溫的機率，又比一般的營建工人高出7至10倍。

「為什麼營造業的勞工熱致死率特別高呢？」看到這些數據，我好奇地詢問中國醫藥大學陳振菶教授，他是國內研究人體高溫熱危害的專家。

「我們得從熱壓力、熱應變、熱適應（acclimatization）三者間的動態平衡，來了解勞工產生熱疾病的機制。」陳老師說。

想像你的身體是一座城堡，戶外溫溼度及日射造成的**「熱壓力」**上升，就像城外的大軍要攻入城內；而你身體會啟動**「熱應變」**機制，如皮膚微血管擴張及流汗，就像城內的士兵奮力抵抗；幸運的是，經常處於高溫環境的人，會有**「熱適應」**讓身體強化抵抗高溫的能耐，像身經百戰的士兵以一擋百。

簡單來說，當戶外高溫的熱壓力來襲，熱應變像是生命值，是身體與生俱來對抗高溫的防禦本能；熱適應則是**經驗值**，透過多次暴露在高溫下的經驗累積，強化了身體對高溫的適應能力。[註1]

對營造業的勞工而言，他們長時間暴露於高溫及日射下，再加上重度工作增加體內熱量的蓄積，因此身體的熱壓力極高，身體會加快微血管擴張及流汗等熱應變。然而，如果身體不適應這種高溫作業——如第二天上工的提姆，核心溫度持續超過38℃，則**熱疾病**如熱痙攣、熱衰竭、熱中暑，就有可能發生，嚴重的話也可能致命。[註2]

「其實，即使身體還未承受到嚴重的熱壓力，高溫所造成的頭暈、昏厥也會影響勞工的體力及專注力，增加他們出

註1：「熱壓力」、「熱應變」、「熱適應」這三者詳細的發生機制是這樣的：長時間暴露在高溫高溼、強烈日照下，加上高強度活動提高代謝量，會增加勞工的「熱壓力」。一開始勞工可能只是感覺不適或疲勞，但隨著核心溫度（正常約為36.5-37℃）上升，身體會啟動「熱應變」防禦機制，如心跳加快、皮膚溫度上升、血管擴張和排汗增加，發出警訊。熱應變因人而異，與年齡、性別、體能等因素有關。此外，身體還會依照你過去的活動經歷，啟動「熱適應」，調整生理的反應，例如勞工第一天在高溫下會有劇烈反應，但連續工作5天後，反應會減緩，表示已適應高溫。

註2：熱疾病包含熱疹（heat rash）、熱暈厥（heat syncope）、熱痙攣（heat cramp）、失水（dehydration）、熱衰竭（heat exhaustion）、熱中暑（heat stroke）。

錯及失誤的機會，連帶造成工地安全的問題。」一位營造公司協理告訴我，「當溫度較高時，發生**工地意外**的比例也會上升。」

如何評估營建工人在工地承受的熱壓力？

那麼，多熱的狀況下會對戶外工作者產生熱危害呢？有沒有一個客觀的評估方式，能提出預警，讓雇主能夠提供防護措施，也讓工作者能夠自我保護呢？

熱危害評估的首要關鍵，是選擇一個適合且客觀的**指標**，來描述戶外的工作者可能身處的熱環境，或承受的熱危害風險。

在眾多指標中，有些是**熱舒適**的取向，用來表達人們的感受與喜好，會考量較多周圍環境及人體的因素；而有些是**熱壓力**的取向，主要從背景氣候的因素，來評估最壞的狀況下可能對身體的危害。前者多用在日常生活環境品質的滿意度描述，後者則適用在工作空間人體健康的危害度評估。

「美國廣泛使用的**熱指數**（Heat Index, HI），是用來評估戶外勞工承受熱壓力極具代表性的指標，」中國醫藥大學陳振菶老師指出，「熱指數使用氣溫及相對溼度兩項指標做計算，這兩項都是全球氣象站觀測的基本項目，不必另外設

置特殊儀器進行觀測,也無需採用額外計算模式推估其它中
介參數。」[註3]

在美國,運用熱指數做為高溫氣候警示工具的做法已行
之有年,電視新聞及氣象報導中,除了溫溼度外都會加上熱
指數的數值與等級。當出現第3級以上的危險等級時,也就是
熱指數高於42℃時(相當於氣溫32℃、相對溼度75%),就
會提醒民眾在外出活動及工作時需加強注意。提姆死亡的那
天,根據電視新聞報導,當天的熱指數是46℃,即是屬於第3
級「危險」等級。

各國立法預防勞工的熱危害

從長遠來看,政府有責任訂定健全的勞工熱危害法令。
美國職業安全衛生署於2021年10月公告「戶外與室內工作環
境中預防熱傷害與疾病」之擬議規範,也就是說,美國聯邦
政府開始徵求各方意見,即將以中央法令對戶外工作的高溫
危害立法保障。[註4]

「若由美國聯邦政府層級進行擬議規範流程,難免曠日
廢時,」陳老師進一步指出,「美國已有多個州政府領先聯
邦政府,訂有勞工熱危害相關法令,並將熱指數導入**勞動政
策**。」

　　奧勒岡州政府職業安全衛生局已規範，當熱指數達到第1級時（熱指數>27℃），需有遮蔽效果良好、易於前往、空間足夠的自然或人工遮蔭設施，提供充足及低溫飲用水及電解質補充液。而當達到第2級（熱指數>32℃）時，工作前要有訓練，工作中也需有人就近支援，並提供可連繫的方式，且每工作2小時要休息10分鐘。當達到第3級時（熱指數>41℃），每小時要休息15分鐘，如果還有重度工作，則每小

註3：熱指數由美國國家氣象局（NWS）所發展，廣泛使用於聯邦勞工部及州政府職業安全與健康部門相關法令。熱指數的計算結果可用℉或℃來呈現，因此容易讓民眾理解，也能換算成熱危害風險等級。舉例來說，當氣溫30℃，相對濕度70%，換算出熱指數是35℃，等級是「第2級：格外注意」。當濕度不變，氣溫升到35℃時，換算出熱指數是50℃，等級是「第3級：危險」。我們可以理解為，當天的熱環境就像是「在室內吹50℃的暖氣」一樣的感受，對於人體健康具有危險性。如果濕度也提高到80%，則換算出熱指數是56℃，等級是「第4級：極度危險」。這是因為濕度愈高時，人體愈不容易排汗，皮膚上的汗液愈不容易蒸發，這將導致人體無法有效散熱，身體的熱壓力就會上升。本文關於熱指數的標準參考美國國家氣象局公告第一版，並由華氏換算為攝氏度數。

註4：擬議規範（ANPRM）為美國聯邦官署與組織公告周知該官署預期提出或修正之法規，為法規制定過程中之中繼步驟，這個擬議規範又稱《巴伯法案》，用來紀念提姆·巴伯因高溫致死，提醒政府應制定更完善的溫度保護法令。在2023年底美國職業安全衛生署已透過小型企業監管《執法公平法案》（SBREFA）流程，完成農林、營建、製造、物流等小型產業的建議收集，後續將依此建議制定擬議規範。

時要休息30分鐘以上，也就是勞工有一**半時間**應該休息。奧勒岡州也曾依據這個規範，裁罰未善盡熱危害管理的營造公司。^{註5}

而在日本，厚生勞動省則在《職場熱中暑預防指引》中，針對不同的衣著、工作負荷，以綜合溫度熱指數（WBGT）訂定相關規範，除了作業環境及休息時間的管制之外，還強調勞工應建立夥伴系統，在作業過程中相互關心彼此的健康狀況。

有了完備的熱危害法令，才能讓雇主負擔保護雇員**免受高溫危害的責任**。

台灣已有基本熱危害預防，但應深化與擴大

在台灣，針對勞工的熱危害已有一些法令規範。《職業安全衛生設施規則》第324-6條要求雇主應該提供陰涼休息場所、飲料或食鹽水，並實施頻繁巡查、作業調整、健康管理、應變通報、教育宣導等。

註5：2021年6月奧勒岡州有2位工人因熱疾病死亡，一位是負責安裝移動灌溉管道的農場工人（熱指數40℃），一位是在屋頂長時間工作的建築工人（熱指數45℃）。事後的調查報告指出，兩案都顯示雇主在監控、休息、飲水、遮蔭、培訓有若干缺失，依規定需提出鉅額賠償。

其次，針對高溫作業場所（以**室內**為主），在《高溫作業勞工作息時間標準》中，針對有鍋爐、熔爐、蒸汽、燒窯等設備，容易造成高氣溫及高熱輻射的場所中，須依勞工的工作強度與工作環境中的綜合溫度熱指數，調整其工作與休息的時間比例。舉例來說，當勞工從事掘削類的重工作時，若綜合溫度熱指數高於30℃，則每工作半小時，就需休息半小時。

另外，針對高氣溫**戶外**作業，勞動部職業安全衛生署訂有《高氣溫戶外作業勞工熱危害預防指引》，針對營造作業、馬路修護、電線桿維修或從事農事等勞動者，應依照熱指數表找出相對應之熱指數值，再依熱指數對應的熱危害風險等級，執行必要防護與相關措施，並訂定高氣溫戶外作業熱危害預防計畫。

例如，應實施勞工作業管理（如環境降溫、現場巡視，並提供有空調、遮蔭、飲水且易於到達的休息場所、提供飲用水及護具……等）、勞工健康管理（選配作業、實施個人自主健康管理等）、安全衛生教育訓練、緊急醫療、通報及應變處理機制等。

而針對營建產業，勞動部職業安全衛生署也出版了《營造業高氣溫戶外作業熱危害預防手冊》，針對營造作業熱危害的產生原因、預防高氣溫環境熱危害對策、熱疾病發生的

臨床症狀與緊急處理……等有相關說明。

然而，這些看似完整詳細的規範，仍有一些挑戰。

「目前上位的法令只規範原則，細節的規定只是建議性的指引文件，因為位階不足，」一位曾經擔任勞動檢查員的學生告訴我，「目前針對工地進行隨機抽查的例行檢查，若非勞動檢查法所定有立即發生危險之虞的類型，即便有不符合指引文件的內容，首次發生也只能勸導改善，除非**重複違反**，否則無法立即進行**裁罰**，由於熱危害目前也尚非例行性檢查的首要目標，所以在執行上仍有困難。」

我也曾經參與幾次勞動部辦理的活動，發現許多大型的營造廠其實做得很好，連安全帽都有裝設溫度感測計，可以即時監測勞工所處的熱壓力及熱風險等級。「大型營造廠其實對熱危害的議題相當重視，也會取得國外機構的認證，並參加國內工程安全比賽，這對我們都是極高的榮譽，」那位協理告訴我，「不過，有時裝備太複雜，也會使勞工**不願意配合及攜帶**，另外，小型的營造廠也許沒有這麼多資源投入，這都是推動上的阻力。」

其次，在營建工地的施工流程中，潛藏了許多不易察覺的高溫風險。

鋼筋綁紮工人在進行**鋼筋綁紮**作業時，除了承受強烈日射量之外，也會因工作場地鋪面不同有不一樣的影響，如樓

板塑膠鋪面、木夾板板材鋪面及混凝土地板等等，這些鋪面都會蓄積不同程度的高溫，並釋放熱輻射量被人體吸收。

在頂樓的**模板工程**中，工人身體額外吸收來自曝晒鋼筋的熱輻射量，也因頂樓離地面休息場所較遠而未頻繁前往，導致身體的蓄熱難以降低。

休息場所如果採用**鐵皮屋**或貨櫃屋且沒有空調，也可能因內部氣溫過高或材料釋放熱輻射，反而造成勞工在休息時段也承受熱危害。

工人也容易因自己對身體體能與作業突發狀況**經驗的誤判**，而忽略身體因曝晒所產生的症狀，如輕微熱衰竭的腹瀉，以及誤以為大量引用冰飲，可以排解體內熱累積等不正確的認知。上述情況在工地作業現場實屬常見。

由此可見，如果要預防營建產業的勞工高溫熱傷害及熱疾病，應該由政府、雇主、勞工三方面協調及努力，以確保未來高溫變遷下勞工的健康及安全。

3-4

農業
從產地到餐桌的調適之路

蘆筍：溫室土壤涼水降溫

過去我們研究室參與的計畫大多是協助城市降溫、建築節能的政策研擬及技術開發。有一年因為參與大學社會責任計畫，[註1] 我和研究室的學生們進到台南將軍鄉的蘆筍溫室，與在地青農及農改場協力合作。

「每天凌晨三、四點趁著天氣涼，我們就摸黑進到溫室裡開始採收蘆筍。」在地的青農黃昭穎引導我們走在兩排緊密種植蘆筍的土溝上。土裡剛冒出的5公分嫩莖是年幼的蘆筍，大概3天後會長成24公分，就可以採收販售。

昭穎及弟弟尉閎幾年前承接了爺爺的蘆筍田，就在上方

蓋了簡易溫室，一年四季都能採收之外，也減少風雨及病蟲害的影響。不過最難應付的是夏天**強烈日射**的挑戰，他們曾經試過用抽風扇排熱、黑網阻絕太陽日射，但效果都不好。

「夏天溫室裡氣溫太高，對蘆筍生長會造成什麼問題呢？」我好奇地問他。

「高溫會導致蘆筍『**開芒**』──也就是嫩莖頂部岔開。這使得蘆筍**賣相不佳**，纖維化**口感不好**，售價就會變低，甚至賣不出去。」他左右手各拿一束蘆筍讓我們比較兩者的差異，左邊嫩莖翠綠飽滿，鱗片密實，右邊則褐綠皺縮，鱗片開展有明顯間隙，就是高溫的開芒現象，好發於氣溫30℃以上的6月至9月期間。[註2]

註1：「蘆筍喝涼水」行動方案是成功大學BCLab執行教育部「大學社會責任USR實踐計畫──台南濱海地區環境變遷調適計畫」中，與位於將軍區的相荐蘆筍園針對農業用溫室高溫化提出改善策略。先以精密的溫度及輻射測量來分析溫室內的熱環境，並進一步為蘆筍園創新設計可監測溫度的智慧滴灌系統，幫助在地青農解決農作物面臨高溫化而影響產量的問題。參與人有楊馨茹、洪國安、徐意維、陳育成、侯凱山、黃千容、廖昱捷。

註2：台南區農業改良場謝明憲研究員等人研究指出，蘆筍屬溫帶作物，適宜的環境氣溫介於25℃-30℃之間，當溫度超過33℃時生長易受影響，植株光合作用能力下降、呼吸作用提高，高溫季節溫室內若常維持悶熱狀態，將影響嫩莖生長，如頂端開芒、鬆散、畸形筍比率提高。而早在1974年，陳榮五等人就指出綠蘆筍嫩莖在溫度較高之6至9月分（平均溫度30℃以上），容易發生頂部鬆開的開芒現象。

隨後我們在這個溫室架設儀器,取得了3個多月的數據。我們發現日間在距離地表150公分高的氣溫常高達42℃以上,主要原因是強烈的日射加熱了溫室內的土壤及空氣,但幾乎和人等高的蘆筍植株枝葉茂密而不易通風。我們進行了溫度內部的氣流模擬(CFD)發現,至少要配置十幾組大型抽風扇強力運轉才能排出熱氣,這龐大的費用當然不是青農可以負擔的。

在和專業團隊多次討論及試做後,我們找出一個妙招:將土壤局部降溫,而不是為溫室整體降溫。我們改裝了一部家用的分離式冷氣機,透過熱交換方式產製低溫水,並配置水管系統輸送至土丘上方滴灌,即可使**土壤降溫**,也不會讓水珠沾在植株莖葉上,造成植物病蟲害的發生與擴散。

稻米:升溫造成收成提早,品質降低

因為參與氣候變遷計畫,我和研究室同仁在秋天時從台南出發,搭車前往台中霧峰農試所,一方面看看我們之前在蘆筍園溫室改造及控溫的經驗能不能幫上忙,一方面也觀摩他們如何進行農業的觀測。

接待我們的是姚銘輝研究員,他帶著我們一伙人進入霧峰農業試驗所園區。一旁的「國家作物種原庫」大有來頭,

在過去30年內,收集了超過10萬種以上的珍貴品系種原。在其中一個-18℃的極低溫貯藏庫裡,種子可以沉睡50年。

「種原庫像是植物的**諾亞方舟**。」姚研究員這樣描述。面對氣候變遷的未來,一些農作物面臨嚴峻挑戰,可能面臨著大幅度的減產,甚至生存危機,「在未來需要之時,我們可以喚醒沉睡的種子,讓它發芽生長。」這個情景讓我聯想到電影《星際過客》,人類為了探索距離地球60光年的星球,搭乘著自動駕駛的太空船,進入休眠艙中沉睡,直到120年後才被喚醒。

接著映入眼簾的,是幾塊分割成小面積的稻田,用來測試不同品種稻米的生長狀況。他指著稻田旁的氣象觀測站告訴我,20幾年前他就開始運用氣象資料做災害的防範,近期更用這些資訊來探討氣候變遷的農業調適方式,確保台灣的**糧食安全**。

透過溫度及產量的觀測資料,他發現氣溫的持續攀升,已經明顯降低水稻的產量及品質。他的研究中發現,在氣候變遷升溫2℃的情境下,水稻第一期作在全台將減少9.3%的產量,其中以北部區域最為嚴重,東部及桃竹苗地區也有**明顯的減產**。

這是因為水稻在成長的過程中,需要累積足夠的「生育度數日數」(Growing Degree Days, GDD)才能收穫。當外

界的氣溫提高時，水稻會在較短的時間達標，提早成熟收穫。^{註3}

「升溫可以讓水稻提早收成，那不是更好嗎？」我好奇地向他詢問。

「除了溫度之外，水稻還需要有充足的養分，才能良好成長。」他進一步解釋，「當水稻提早收成，代表吸收的日照、水分、營養素都不夠，會導致成長緩慢且**產量減少**。」

聽他這麼說，水稻提早收成可不是好事。這就像一位客人進到餐廳，被告知今天用餐時間必須減半，他很可能會因為時間不足而吃不飽，或是吃太快而消化不良。

特別是台灣水稻第一期作插秧時，多為冬末初春低溫環境，在抽穗期（開花）進入夏季，如果穀粒充實期（成長期）處於較高溫度，會使米粒呈現不透明或白粉狀（白質），碾米有碎粒狀**影響口感**，品質及產量都會降低。

面對升溫導致水稻產量下降的問題，應該如何因應呢？

「台灣的稻米實際上已經供過於求。」姚研究員說，

註3：生育度數日數是作物於生長期間（播種到成熟）超過最低溫度之度數的累積，代表它成長需要的熱量。例如水稻生長最低溫度為10℃，如果某天平均溫度為28℃，則該日之度數日數為28℃－10℃＝18℃，將整個生育過程的度數日數累積加總即為GDD。不同作物的GDD皆不相同，例如水稻從播種到成熟時的GDD為3,654℃。

「因此重點應該放在如何選擇出氣候上**更適合耕種**的地區，讓農民能夠種出品質更好的稻米。這不僅可以提高政府在收購時的產品品質，也能讓農民取得更好的收益。」

茶葉：阿里山上的補霧網

這天在嘉義縣奮起湖走完杉林步道後，我和友人來到了以盛產「阿里山珠露茶」聞名的石棹茶區。茶行老闆伍先生帶領我們參觀茶園，並解釋了茶葉的加工過程，包括將新採摘的茶葉在戶外空地上鋪平晾乾，促進發酵的「**日光萎凋**」過程。

「最近天氣愈來愈熱，山區雲霧減少，茶樹與葉片很容易乾枯。」伍先生指出，「現在日光萎凋時愈來愈難控制葉片的水分和發酵，幾乎都得倚賴室內機械進行熱風萎凋。不過，人工的熱風影響了茶菁的自然香氣，還增加了用電成本。」

農業試驗所劉雨蓁研究員告訴我，茶園內若長時間遭受強烈日射及高溫，將加劇土壤的蒸散作用、茶樹的蒸發作用，導致茶樹缺水，這是引起茶樹**旱害**的主要原因。

「在茶樹修剪完，茶葉萌芽時期，如果遭遇高溫，會提早開面產生對口葉，代表這一季茶芽已停止生長，不僅無法

產生新葉，還會降低茶葉的品質及產量。」[註4]她進一步指出，茶農在訪談時也表示，如果持續高溫且日晒強烈，也會導致葉片**焦黑燒傷**，影響採收的茶菁產量。

阿里山區還有個影響茶菁品質的氣候關鍵：霧。

即使山區空氣中只有些許水分，只要氣溫夠低，就會產生霧，就像寒冷的冬天你張嘴就會呼出霧氣。霧不但能在乾旱缺雨時提供茶樹水分，還能適度屏蔽強烈日射，避免茶樹累積太多酯型兒茶素造成苦澀，泡出來的茶會更加**甘甜**。

「山區升溫後，海拔800至2,500公尺的雲霧會往上移到更高海拔，使得海拔800至1,500公尺的阿里山茶區缺乏雲霧，就會影響到茶菁品質。」台大地理系黃倬英教授長期研究雲霧，比我這個就住在山下的嘉義居民更頻繁上山做調查，深知雲霧對茶葉生產的重要性，他也很積極地探討氣候暖化帶來的影響。

高溫和少霧對茶葉的影響，比他的預期更為嚴重。「當

註4：對口葉又稱駐芽，通常較厚，葉片較小，是茶樹因應環境不適而做出的應變，以減少水分流失及保護自身。茶葉生長時，一般會長出5-7片新葉，最後頂端會形成對口葉，代表這輪生長停止不再長出新葉。等到頂端第1片和第2片葉子大小差不多時，就會「開面」，代表茶葉已經成熟老化。不過，當茶葉遭遇逆境，如霜害或高溫時，可能只長了3、4片葉子就會「過早開面」，這不僅會使產量減少，葉子也開始纖維化，滋味轉淡，降低茶葉品質。

霧減少時，空氣變得乾燥，日照時間增加，氣溫上升，且日夜溫差減小，這些都不利於茶樹生長。」

他近一步指出，阿里山的春茶過去在雲霧覆蓋下生長，日照時間較短，使得茶菁品質良好，滋味濃郁，是市場上價值很高的茶種。但隨著溫度上升和雲霧消失，在過去這一兩年到四月中仍難以採收。「隨著雲霧消失，阿里山的**春茶**會愈來愈難得，可能以後在市場上都見不到了。」

為了解決這個問題，黃老師進行了一系列研究，探討雲霧水氣的來源、組成，也分析霧對於生態系、茶菁品質的影響。還進一步規劃設計架設「捕霧網」，把霧水攔下來給茶園使用，更走入校園教小學生們一起製作。「就像自然界的**蜘蛛網**能收集霧水一樣，我們希望能用自然的方式把霧留在山區，協助茶產業應對氣候變化下的衝擊。」

升溫挑戰的不是農作物調適力，而是人類對飲食的講究

農業是對氣溫變化極為敏感的產業，上述的稻米、茶葉、蘆筍，分別代表了三種空間尺度下的農作，受到不同程度的溫度衝擊，各有不同的調適方法。

稻米的種植範圍最大，升溫造成的影響屬於區域尺度

（如台灣的北、中、南、東區），人為環控方式介入的機會不大，只能被動地選擇氣候上適宜栽種的地區；**茶葉**則以山區為種植區域，升溫及雲霧帶的影響為垂直尺度（如低、中、高海拔），有一些可以用人為方式做調控，例如上述的補霧網，或遮蔭網等工具；**蘆筍**則是最小栽種面積的作物，可以直接在溫室內種植，並使用通風扇或土壤局部降溫來調控溫度。

然而，逐年上升的溫度，恐將迫使農業溫室未來都得裝設冷氣機。依照台灣中部一個溫室的長期氣溫數據分析結果顯示，在氣候變遷的情境下，溫室如果只靠對流抽風，7月分溫室的氣溫將有機會突破40℃──這將讓大部分的作物無法生存，**整間溫室的空調控制**成了一種必要的解方。註5

有年夏天我到日本千葉大學的溫室區域參訪，幾乎所有

註5： 我們研究團隊以台中霧峰的標準溫室室內、戶外的溫度量測資料建立分析，並利用迴歸與機器學習（LSTM）兩種方式運算，取得戶外氣溫與溫室內距地表2米高度之關係式。再以國科會台灣氣候變遷推估資訊與調適知識平台計畫（TCCIP）所產製高解析度全球大氣模式（HiRAM）全球暖化情境下世紀中（2040-2065年）推估資料，做為未來氣候情境的基礎。再帶入前項公式，即可得未來氣候變遷下，升溫至世紀中時，溫室內可能形成的高溫情況。在氣候變遷的情境下：僅靠開窗自然通風的溫室內部，在世紀中（2040-2065年）夏季7月時，平均高溫將比現況（2021-2022年）高出1℃以上，同時，世紀中7月溫室內的溫度將有機會突破40℃。

的溫室都已配置冷氣與暖氣系統，甚至有一個植物工廠連玻璃開窗都沒有，內部是以LED燈取代自然光線。在場的解說員告訴我，這裡生產的葉菜在超市是屬於高檔櫃位的生菜沙拉，也有許多大型設備廠商競相加入合作。

全空調控制的溫室，代表巨量的能源使用。當人類的食物有愈來愈高的比例來自這類溫室，食物中蘊含的能源使用及碳排放量就愈高。每吃一口食物，我們都可能對地球帶來**傷害**。

農業是氣候變遷的受害者，高溫造成農作物更高的衝擊，農民蒙受更多的損失。農業生產也是氣候變遷的加害者，除了因栽培及施肥過程產生大量甲烷及氧化亞氮等溫室氣體排放之外，高度人為環境控制的溫室，也可能讓**地球及環境升溫**。

不過，導致溫度不正義的根源**不在**於農業生產與加工，而是人們**過於挑剔的飲食習慣**。升溫讓農作的品質及產量下降，但人類對飲食的講究反而與日俱增。我們希望米粒飽滿Q彈、高山茶香醇回甘、蘆筍鮮綠清脆，色香味一樣都不能少。為了滿足人們的**期待**，農民必須付出更多的成本進行各種人為的介入及控制，讓地球蒙受更多的損失。

慶幸的是，有不少農業的生產與經營者，已經注意到這個議題。

　　例如台南的「將軍銀蘆筍」，就是讓原本蘆筍口感不脆、賣相不好的部位重生。昭穎說，採收下來的蘆筍為了確保品質，大概有三分之一到五分之一的根部會被裁切掉。這些俗稱的「下腳料」通常都會棄置，若以一分地蘆筍園來計算，大概會浪費掉700公斤的蘆筍，十分可惜。

　　他們將這些下腳料收集起來運至社區，請在地阿嬤仔細削皮處理後，口感就不會太「瓜」（老），可以包裝後在市面上販售，成為銀髮長輩的幸福蘆筍。消費者可以買來涼拌、熬湯、燉肉，不僅美味，營養價值還更好，也讓大家對這類農產「**格外品**」^{註6}有更多的理解並選購，就有機會改變農民的耕作方式。

　　另外，許多小農也會推出「蔬菜箱」，依照時令栽培蔬菜，再配送給消費者。這些蔬菜的種類會隨季節調整，大家只吃得到符合當時節令氣候的蔬菜。

　　面對氣候變遷對農業的影響，調整飲食習慣會比人工干預農作更為有效。如果我們儘量選擇**當令**的蔬菜、水果，也別太在意因天候改變的**口感**，就有助於適度減少消耗能源的

註6：格外品是指市場規格之外但品質無虞的農產品，又稱「醜食」
　　　（ugly food）。在商品市場中，有許多因為外型、尺寸不標準而被
　　　通路淘汰的農產品，即使有著完全一樣的風味與營養價值，也無法
　　　進入供應鏈，而成為全球食物浪費的一部分。

室內環境控制，在飲食的選擇中也能幫地球降溫，是維持農業領域溫度正義**最簡單的方法**。

3-5

漁業
海洋升溫，野生烏魚子產量堪憂

年節的滋味

在我小時候，每到除夕那一天，家裡從中午開始就忙著準備年夜飯，而最受期待的佳餚就是烏魚子了。奶奶總是會從冰箱的幽暗深處找出它，通常是去年或前年的。因為過年前別人送的總是捨不得吃，她認為只要食物在過期日前進入冷凍庫，保存期限就是永恆了。

媽媽則是熟練地拿出爸爸珍藏的58度金門高粱酒來泡烏魚子，等它軟化後，再細心地去除薄膜，慢慢用平底鍋乾煎，讓烏魚子外皮酥脆，內部溼潤黏牙。當烏魚子襯著白蘿蔔片華麗登場，空氣中彌漫著誘人的香氣，孩子們興奮地搭

配著熱騰騰的白飯一起細細品嘗。

這個味道成了我對年夜飯最深刻的回憶，直到現在仍然是每年除夕不可或缺的美味。在平日裡，若有新鮮的烏魚子上桌，我們總會開玩笑說：「啊，是不是又要過年了呢？」

40年來烏魚捕獲量減少九成

台灣西南沿海冬季溫暖的海水，吸引著無數的烏魚從寒冷的北方來此產卵。每年冬季，原本棲息在中國山東渤海的烏魚會向南遷徙，尋找溫暖的水域進行繁殖。它們沿著寒冷的中國沿岸流向南游至台灣中部以南海域，與此同時，溫暖的黑潮支流則向北流動。大量的烏魚會在冷暖洋流匯合的地方聚集，因為這裡的海水溫度約為20-22℃，是它們最適合**產卵的溫度**。

大約在每年11月下旬至隔年2月初，台灣西南沿海地區，包括雲林、嘉義、台南、高雄等傳統的烏魚漁場，漁民都可捕捉到魚卵厚實飽滿的烏魚。

這些遠渡重洋的貴客，是台灣西南沿海漁民的年終獎金。烏魚一身都是寶，從烏魚子（魚卵）、烏魚膘（精囊）以及烏魚腱（胃囊），都具有高經濟價值，烏魚殼（魚身）還能做成烏魚米粉，所以常被稱為「烏金」。由於捕獲時間

通常在舊曆年前後，烏魚漁獲於是成為漁民可以過個好年的年終獎金。

然而，近年來台灣沿近海野生烏魚漁獲量大幅減少。水產試驗所統計指出，已從1980年代全盛時期的250萬尾持續減少，在2010年間漁獲量降至歷史低點，2018年產量回升至近幾年的高點，2019年後每年均在50萬尾以下，而最近一年（2022）的統計，台灣烏魚捕獲總量只剩27萬尾。

台灣海峽海水溫度上升，是烏魚減量關鍵

台灣的烏魚為什麼會大幅減產呢？除了海域環境變動、海象因子變化、過度撈捕之外，烏魚洄游的台灣海峽水域的海水溫度**持續上升**，是一個重要關鍵。

「海水的溫度原本就有周期性的循環變化，這也是烏魚量有高有低的原因。」長期投入氣候變遷對漁業影響研究的台灣海洋大學李明安教授指出，台灣海峽的水溫降低時，烏魚量就比較高，相對的，水溫的升高就會導致烏魚量減少。

利用衛星遙測的資訊，可以推估海水的表面溫度，這是用來探索漁獲量的重要資訊。李老師指出，1970-2020年之間的台灣海峽水域水溫呈現增溫的現象，其中2000-2020年間的平均水溫已比1970-1980年間足足升高了1.6℃，而海水溫度的

上升正是造成烏魚減量的關鍵因素，顯示烏魚洄游來游量明顯受到氣候變遷的影響。

「氣候變遷對漁業的影響，除了捕獲總量的差異之外，有些物種可能受到暖化或海流因素，而改變漁場了位置。」李老師說。

在1980年代，烏魚主要漁場在台中彰化以南的水域。據當時的報導，早期高雄茄萣港每到捕烏魚期，各處廟宇香火鼎盛，期待漁船滿載而歸。當時漁民豐收後的還願，茄萣媽祖宮作戲日程都可以排到農曆2月底。

然而，南部沿海捕獲烏魚的盛況早已不再，目前漁獲以台中外海為主，而近年有逐年北移的趨勢。依照水產試驗所統計的各縣市漁獲尾數顯示，台中以北漁獲量占全台的比例，從2014年的72.4%，在2018及2019年已更提升到95%。顯示過去雲嘉以南的傳統烏魚漁場，在冬季烏魚汛期間幾乎已不易捕捉到來游烏魚。

「這是因為隨著海溫上升，寒冷的中國**沿岸流**勢力已無法擴及至中部以南的水域，間接地限縮烏魚向台灣中部以南海域產卵的情形，進而在中部及北部沿岸產卵的機率大增。這使得漁場有明顯逐漸**北移**的趨勢，移至新竹以北，甚至在貢寮、宜蘭都能捕獲到烏魚。」李老師憂心地說，「隨著海水溫度上升，以後台灣沿海野生的烏魚可能愈來愈

難捕獲了。」

養殖烏魚也難以避免氣候變遷的衝擊

　　野生烏魚容易因氣候變遷的海溫變化，而減少了捕獲量。那麼，若改採養殖方式飼養烏魚，是否能夠有效避免氣候變遷帶來的不良衝擊呢？

　　「無論是野生或養殖的烏魚，最適合產卵水溫約在20-22℃（或24℃）之間。」高雄科技大學侯清賢教授告訴我，野生烏魚可以由海水溫度推估能否產卵，而養殖烏魚的魚池因為是露天形式，沒有人為水溫控制，所以是透過**空氣溫度**來推估魚池水溫，推測烏魚是否能夠結卵，以及卵的油脂品質好壞。

　　為了了解養殖烏魚最佳的結卵氣候條件，侯老師訪談當地漁民並進行現場調查，他們將一年中「連續有3天低溫降至10℃以下」的**低溫事件**數量，做為養殖烏魚能否結卵的評估指標，並以全台烏魚養殖量第一名的台南為研究對象，採用國科會台灣氣候變遷推估資訊與調適知識平台計畫產製的氣候變遷推估資訊，來評估未來哪個烏魚養殖區受氣候的影響最大。

　　「七股區是氣候變遷下養殖烏魚產卵衝擊最大的區

域。」侯老師指出，在全球暖化+2℃的未來情境（可能出現在2045年），七股區的低溫事件數量大約比基準期間（約1990年時）減少70%左右。也就是說，如果以往一年有1.5次低溫事件，本世紀中可能每年只會發生0.5次，**大幅減少烏魚產卵**的機會。

侯老師認為，未來暖冬的現象更加頻繁，將會讓冬季連續低溫的日子減少，也將導致養殖烏魚出現**卵油質劣化或不結子**的現象，恐造成產地價格高漲，消費市場供給少於需求的狀況。

烏魚的氣候變遷因應之道

面對氣候變化，捕撈烏魚的方法勢必要有所改變。

過去，在1970-1990年間，台灣沿海地區捕撈烏魚最常用的方法是使用**巾著網**，主要由兩艘船一起進行，當發現烏魚群時，會投下標示燈，再快速地包圍魚群。近年來，此一方式已改為燈光集魚作業的扒網方式。

「你若是看到捕魚的小船上掛著一盞盞的燈泡，那可能就是扒網作業了！」李明安老師指出，**扒網作業**通常是由兩艘船一起進行，一艘是燈船，利用船上的小燈泡，吸引魚群靠近。等魚群聚集到燈船邊，另一艘船就會在燈船外圍放一

圈漁網來捕撈烏魚，效率提高許多。

　　隨著氣候的變化，台灣沿海捕獲烏魚的方法已悄然改變，在1990年至2020年之間，漁民開始採用成本較低的**流網或拖網**（drift or trawl nets）作業來捕烏魚。不過這些網子在海中固定或拖動時，就像是大型吸塵器，有機會把海中的魚一網打盡，但也可能因此捕到其它魚種，**衝擊到漁業資源及海洋生態**。

　　「面對氣候變化，漁民已因應與改變捕撈烏魚的方法。不過，漁獲效率過好的捕魚法，可能會衝擊漁業資源，」他提醒，「面對氣候變遷，漁業資源利用與保育之間，應該要有適當的平衡。」

　　不只是烏魚，包含海洋漁業的**鎖管、魷魚和秋刀魚**、養殖漁業的**吳郭魚、石斑魚、虱目魚、鱸魚**，都是高溫化下容易受到氣候變遷及高溫影響的魚種。

　　然而，當海水升溫已經讓海洋漁業面臨捕撈不足的問題，氣溫升高讓養殖漁業受到品質不佳的挑戰，為了維繫漁業領域的溫度正義，應即早因應並提出對策。

　　政府部門應保護漁業資源，建立漁業資源保育區，並加強執法力度，防止過度捕撈和破壞海洋生態。同時，鼓勵科研機構和漁業相關部門合作，進行漁業資源監測和管理。同時，應促進漁業轉型，協助漁民採用更環保、永續的捕撈方

式，在提高捕獲效率的同時，減少對海洋環境的衝擊。

　　社區方面，則應推動漁村產業的多元化發展，輔導漁民轉型從事海產加工、觀光等相關產業。並提升社區適應能力，加強對漁村社區的技術培訓和資源投入，提高應對氣候變化的能力。同時，建立氣象監測系統，提供準確的氣候資訊，讓漁民做出更好的決策。

Chapter 4

政 策 實 踐

4-1

綠化
促進社會公平性的最佳降溫解方

公園綠地的三大降溫優勢

公園綠地的降溫效果有多好？我們可以從3個重點來說。

首先，**綠地內的氣溫，比非綠地區域更低。**

英國學者回顧了全球30多篇論文發現，綠地的平均氣溫比非綠地（即市區）低了0.94℃，超過一半的綠地降溫效果約在1-2℃之間，效果好的可達3-6℃。葡萄牙學者在Coimbra城市中採用移動方式來進行溫度的量測。日間午後城市區氣溫為35℃，綠地區氣溫為32℃，低了3℃。墨西哥的研究則顯示公園面積愈大，氣溫愈低。2公頃的小公園比城市氣溫低0.6℃，10公頃的公園則低了1.3℃。

其次，**綠地不只內部降溫，還能幫周圍的社區降溫。**

國立新加坡大學黃玉賢（Wong Nyuk Hien）教授團隊在公園氣溫量測中發現，一個約12公頃的公園，可讓周圍的社區降溫約0.8℃，影響範圍大概在200公尺左右；而另一個較大的36公頃公園，對周圍的降溫效應達到1.5℃，影響範圍擴大至500公尺。瑞典則在一個更大的哥德堡Slottsskogen公園（135公頃）的量測中發現，它的降溫效果可達3℃，影響範圍擴及1.5公里。這些結果顯示綠化面積愈大，得到「降溫紅利」的社區愈多。

最後，**城市中綠覆率愈高，降溫效果愈好。**

綠覆率代表一個城市內綠地面積占總面積的比例，學者透過實測或模擬的方法發現，當綠覆率增加10%時，在幾個城市中分別可降低0.4℃（巴西坎皮納斯）、0.8℃（希臘雅典）、1.1℃（英國曼徹斯特）、1.3℃（美國鳳凰城），數值會因城市的氣候、地形、地表特徵而有差異。

台灣綠地降溫潛力高，但城市綠覆率仍不足

過去我們研究團隊在台灣進行了一系列綠地降溫效果的實測與分析，讓我們以這些在地成果為例，檢視台灣的綠化是否同樣具備潛力，城市綠化是否足夠。

首先，在公園內部的降溫方面，在一個高溫夏季的午後，台中市文心森林公園內部的空氣溫度（33.3℃），比起附近烏日市區氣溫（36.2℃）低了2.9℃，效果驚人，其它像台北市大安森林公園、華中河濱公園，及高雄的中央公園，也都比附近市區低了2.4-2.8℃，而台南市因氣溫受到**海風調節**，水萍塭公園的氣溫只比市區低0.6℃左右，公園降溫效果不如其它城市。[1]

其次，在公園周邊降溫方面，依模擬及實測結果顯示，台北的大安森林公園可讓鄰近住宅區降溫2.6℃左右，台南公園可讓周圍商業區降溫約0.5-2.4℃，公園降溫影響範圍大概在200到400公尺左右。另外，氣流也可以輸送公園的涼爽空氣給住在公園下風處的居民，讓他們更能享受到低溫綠地帶來的**降溫紅利**。

最後，在綠覆率與降溫的關聯性方面，在台北市每增加10%綠覆率，氣溫最多可下降1.2℃，[2] 台中市約可下降0.31℃，[3] 這顯示**人工發熱**（如空調與交通）愈高的城市，綠化的降溫效果愈好。

若與國外研究相比，綠化對台灣城市的降溫成效卓著。那目前台灣都市的綠化覆蓋率是否足夠呢？

首先，綠覆率計算時，以往多以行政區（即地圖上縣市界線範圍）為評估範圍，不過，這種做法可能會涵蓋偏遠的

郊區綠地。為了反映出市民居住、工作、活動頻繁的區域，故以**都會區**（指人口及建物皆密集的範圍）為評估範圍才更客觀。[註4]

以台北市為例，綠覆率在行政區內高達68.9%，但在都會區降至31.1%。這雖然在台灣的直轄市中已屬最佳，但如果與新加坡接近40%的都會區綠覆率相比，台灣的城市仍有**進步**

註1： 這些溫差數據是依HiSAN在2023年8月分一個高溫日的觀測數據依內插法計算而得，低溫點為特定之公園，高溫點為距離該公園2至5公里的市區點。

註2： 我們研究團隊曾以HiSAN量測的台北市8月分中午及下午2點的氣溫數據，配合以SPOT6衛星影像標準化的常態化差值植生指標（NDVI）計算綠覆率（解析度6公尺，經影像銳化後提升至1.5公尺），分析則採用XGB的機器學習方法，以非線性的模式來提高擬合狀況，使預估更準確。文中的數據誤差率為±0.24℃（Lau & Lin, 2024）。不過，若在較密集發展區域（即中正、大安、信義區等區域），每增加10%綠覆率只能降低約0.32℃。這是因為都市發展強度愈高，建築愈密集，造成通風不良，且空調等人工排熱影響大，因此需要更高的綠覆率才能達到相同的降溫效果。

註3： 我們研究團隊曾以TReAD系統的氣候數據，取用的時間為台中市7月分下午2時的平均數據，綠覆率取得方式與前述台北市相同，採用倒傳遞神經網路演算法（BPNN）的機器學習方法分析，其原理是利用倒傳遞的方式進行bias的誤差修正，優點是能夠更有效擬合自變數與應變數之間的關係。結果顯示，若在中、低強度開發區域（台地、郊區），每增加10%綠覆率，氣溫最多可下降0.31℃（誤差率5%以內），而如果在市中心（中區、東區、西區、南區、北區、西屯區）及盆地（大里、烏日），每增加10%綠覆率，氣溫最多只能下降0.2℃，其原因也與台北市相同。（Wang et al, 2024）

的空間。^{註5}

綠地是弱勢者健康良藥，有助於健康的公平性

若綠覆率不足，造成的不只是溫度上升的現象，還影響健康的公平性。

一篇刊登於著名醫學雜誌《柳葉刀》（Lancet）的論文指出，生活在綠地充裕區域的英國退休老人，死亡率比住在綠地不足地區的老人低了13%。作者Mitchell教授提到，貧窮常是危害健康的關鍵因素，如果可以提高環境的綠化量，將有助於弭平因**社會經濟**因素造成的**健康負面影響**。

簡單來說，綠化是弱勢者的健康良藥，有助於促進社會健康公平性。

成大吳治達教授過去參與許多國際上綠地與健康效益的研究。在針對波士頓醫療中心的急性缺血性中風患者死亡率的研究中，發現與前述英國研究類似的成果：若住家附近綠地多，缺血性中風者的**存活率**會較高。另一個在印尼的研究也顯示，綠地能降低非傳染性疾病（如缺血性中風、糖尿病、類風溼性關節炎）的風險。

「要讓都市降溫，增加綠地面積必定是**優先策略！**」吳老師認為，綠地造成的降溫效果，不但能提升人體舒適性，

還可以促進生理及心理的健康效益。

不過，該如何具體描述綠化對一個人的好處呢？

吳老師的研究團隊將綠化的健康效益量化，分析了台灣鄉鎮綠覆率對於「壽命」及「收入」的影響。研究發現，依全台綠覆率的現況，可以延長國人6.1年的壽命，每年增加6,000多萬元台幣的**產值**。[註6]

「不過，若依WHO（世界衛生組織）的規定，台灣目前約有50個鄉鎮**未達**WHO的綠地建議標準。」吳老師進一步說

註4： 文中所定義之都會區即人口及建物皆密集的區域，也稱密集建成區。其中高人口密集區定義為每平方公里人數 > 4,000人之範圍，且毗鄰聚居地人口合計達2萬人以上；高建築密集區則是以SPOT衛星影像中，NDBI > 0之範圍。本研究中的都會區即以兩者交集處，並扣除與該處平均海拔大於50公尺以上之區域。

註5： 台灣6個直轄市的都會區綠覆率（括號內為行政區綠覆率）分別為：台北31.1%（68.9%）、新北23.0%（78.2%）、桃園17.5%（35.3%）、台中19.5%（72.5%）、台南21.2%（32.2%）、高雄14.0%（17.2%），以台北市最高，高雄市則最低。數據計算是以判讀SPOT衛星遙測圖資中不同波段方式進行，以NDVI > 0.3視為綠地。

註6： 該研究是依據鄉鎮綠地多寡與減少躁鬱症疾病負擔之關聯性，換算為全台灣總人口可以減少因躁鬱症而損失的健康生活壽命，即失能調整人年（disability-adjusted life year, DALY），並依此推算在正常生活及工作下依台灣基本勞工薪資（10,438元）的產值，另文中之世界衛生組織建議綠化面積，是以「住家周邊300公尺半徑範圍內至少有一片大於0.5公頃綠地」，研究中將其換算成每個行政區應有約25.6%綠覆率。（Asri, et al, 2023）

明，「當全台所有鄉鎮都符合WHO的綠覆率標準時，上述的壽命及收入都可增加10%，可見綠化的效益以及提升綠覆率的必要性。」

亞洲城市綠地急速消失，加強綠化政策勢在必行

瑞典農業科學大學景觀系Christine Haaland教授指出，城市因為密集化的發展，導致全球城市內的綠地正以驚人的速度**減少**——特別是亞洲城市更加嚴重。英國雪菲爾大學Daniel Richards教授針對東南亞111個城市地區的綠地進行了分析，發現人口密度愈高的城市，總綠地面積愈少；愈貧窮的城市，人均綠地面積愈低，這也加劇綠地**不公正**的問題。

不過，幾乎所有研究都指出，新加坡因為積極的城市綠化政策，綠化的數量及品質反而**逐步提升**。

國立新加坡大學陳培育（Tan Puay Yok）教授，也是國際知名期刊*Landscape and Urban Planning*主編，認為新加坡能塑造「綠色城市」、「城市花園」印象靠的不僅是綠地的數量，還包含綠色空間在城市內的分布和配置方式，才能創造出綠化的「**視覺感**」。

或許你曾親身體驗過，或看過相片，新加坡的建築通常在地面、牆面、陽台和屋頂都有著茂密的植栽，也就是上述

綠化視覺感的實踐,其背後其實是受到全球最嚴格的綠化法令所管制。根據新加坡的「**綠色容積率**」規定,建築基地內的綠化面積至少需達到基地面積的3倍。這迫使設計者還得採取建築立體綠化的設計,否則光靠地面的空地,根本達不到法令的要求。[註7]

如果對照我國在《**建築技術規則**》中規範的法定空地要有一半綠化的基本需求,甚至是**綠建築解說及評估手冊**中相當於法定空地的六成需種植喬木的更高要求,台灣對於綠化的要求仍顯不足,應該要調升。

急起直追的台灣城市綠化規範

所幸,台灣除了中央的綠化規範之外,近年來各縣市也研擬了更多的綠化規範。

註7: 綠色容積率是新加坡針對建築基地綠化量的法令要求,其計算是將葉面積指數(Leave area index, LAI)加權後的等效植栽面積,除以基地面積,這個數值愈大代表量化量愈好。假設有一個建築基地建蔽率為50%,套用GnPR=3.0的規範,代表設計者除了得在空地上種滿植栽之外(可達成0.5的等效量化量),還得想辦法將2.5倍的等效綠化量「加」在建築物之中,才能符合法令要求。GnPR的規範與建築基地的法定容積率有關,分別為3.0(容積率小於140%)、3.5(容積率介於140%至280%之間),以及4.0(容積率大於280%),若在綠化策略區內,一律要達到4.0以上。

　　高雄市的「高雄厝」條例中，景觀陽台在種植充足的喬灌木的條件下，可允許陽台深度由原先的2公尺延伸至3公尺，且不計入陽台設置面積的限制。**台中市**的「宜居建築」條例中，則容許更多樣的立體綠化，例如採用錯層的陽台及露台設計，可種植兩三層樓高的大型喬木。**嘉義市**的「嘉屋」、**台南市**的「特色建築」，也都鼓勵空地及建築物立面綠化以達到健康、涼適的目標。

　　台北市則採用科學基礎減量目標倡議（Science Based Target initiative, SBTi）的概念，以未來氣候變遷情境推估城市綠化的需求，並逐步導入相關政策。首先在我們的協助下應用國科會台灣氣候變遷推估資訊與調適知識平台計畫所產製高解析度全球大氣模式，推算升溫情境下市區可能的**增溫值**，以及衍生的**建築耗能量**，估算因升溫而導致碳排放的調適缺口。接著，基於綠化能**降低體感溫度**以**減少建築能耗**的理論模式，推算出每年台北市應增加的綠化數量及品質。

　　最後，研議綠化的推動方案，在公有部門逐年增加綠地開發面積，加強公園及人行道密集綠化；在私有部門則透過強化既有綠覆率的規範，導入立體綠化及密植喬木的概念，並納入相關的綠化實施規則當中（詳4-3節），以實踐「**體感降溫減碳**」及「**密集綠化固碳**」的目標。

　　除了提升綠化的需求，利用相關法令加以管制設計或

排除阻礙外，後續的施工、維護、管理亦為重要的任務。每
年颱風帶來的強風豪雨是植栽的一大挑戰，在周延的考量之
下，相信都市綠化數量能更穩健地增加，達到改變**城市風貌**
的目標。

4-2

風廊
氣候正義的歷史刻痕

依風興建的民生社區

　　我很喜歡去民生社區，除了好吃的炒飯及燒餅吸引我之外，鄰里公園及密植林蔭道讓它成為台北市相對低溫的地區，也是我們都市熱島長期觀測的重要指標。我曾和公視《我們的島》主持人陳信聰出外景，騎著YouBike在民生社區繞了一圈，雖是炎炎夏日但還是十分涼爽。

　　有一天遇到師大地理系洪致文教授，[註1] 聊起幾個城市中進行的風廊研究，他語帶神祕地問我：「你知道為什麼在台北市的正南北向棋盤式街道中，唯獨民生社區偏轉了5度的方位角？」

我滑了一下手機上的地圖仔細查看，東西向的民生東路進到民生社區後，的確略往北偏折一點角度。其它如富錦街、延壽街、健康路也都如此，使整個棋盤式街道在民生社區逆時針偏轉了微小的角度。

「在1930年代日治時期，民生社區是一個軍用簡易飛行場。」他進一步解釋，由於飛機在逆風時能在較短距離獲得所需浮力起飛，如果跑道能順應盛行風向，就可以減少側風。因此當時這條跑道就朝著台北盛行風方位角85度，即東偏北5度修築。

到了1960年代，台北市向中央申請美援貸款專案，準備興建一個有公園綠地的西式現代化住宅——也就是現在的民生社區，為了讓這裡的街道維持棋盤格的配置規律，道路就**順著**當時跑道及兩側防禦用**圳溝**（即今日的延壽街、健康路）興建，所以才會造成今日的偏角。

因盛行風向而劃定的飛機跑道，在30年後影響了住宅區的格局及當今的街道。洪老師指出，「這便是風在城市街道紋理中的**歷史刻痕**。」

註1：洪致文教授是著名的台灣鐵道文化研究者，有二十多本鐵道著作，還是國家鐵道博物館籌備處首任主任。不過，他其實是一位專業的大氣研究學者，我們目前共同參與TCCIP計畫，產製台灣大尺度風的流線圖及小尺度的風速風向圖集。

風從哪裡來？該往哪裡去？

在城市發展之前，風其實是隨手可得的資源。只要背景有風，走在哪兒應該都吹得到。不過，當都市逐漸發展，新區域的開發及舊市區的更新，造成街道格局改變及建築密度增加，阻擋了原先該流進城市及社區的氣流，使得這些風的歷史刻痕逐漸**消失**。

所幸，風還是會自己找出路，都市的盛行風會流經較寬的道路、公園綠地、廣場空地、建築間隙，這就形成了都市風廊。有時你走在擁擠的城市街道感受不到風，但轉過街角突然間一陣涼風吹來，可能是因為你正身處於一條難得的**風廊**之中。

風廊是都市中的珍貴資源，帶來了許多好處。首先，它能降低構造物如建築物、道路的溫度，帶走它們釋放的熱量，保持周圍環境的**涼爽**。其次，風廊旁的建築物透過開窗引入涼風，可以降低室內溫度，減少空調的使用，從而**節能**減碳。再者，風廊中的微風能夠幫助行人散發體熱，降低體感溫度，提高**舒適**性。

風廊具備三種重要的環境特徵。首先，路徑必須**順應當地的長期風向**，讓自然風有機會進入和流出。其次，路徑上應**盡可能沒有人工構造物**（如建築、堤防、高架橋）的阻

礙，讓風流動順暢。最後，路徑應盡可能**連續並銜接市區與郊區**，才能將新鮮或涼爽的空氣從郊區引入市區，將市區汙濁或高溫的空氣排出。

例如，一個以南風為主要風向的城市，若有一條南北向的寬敞街道貫穿整個城市延伸至郊區，那麼，這條道路就有很大的機會是都市風廊。

但風廊不僅僅會出現在單一道路上，都市內的街道因常有轉折、彎曲、縮減、終止，所以風廊也可能出現在多條相互連結的道路上。此外，風廊不僅限於道路，低阻礙的綠地、公園、河川、空地、低矮建築群也都有利於氣流通過，風廊也會穿越這些區域。

各國的風廊指認與管制

有一段時間因為執行台德跨國合作計畫，常到德國南部的弗萊堡和安德烈交流與移地實測。弗萊堡夏天的氣溫常會超過32℃，市區十分悶熱，一天下午5點我和安德烈走在教堂前的廣場上，一陣強勁的冷風迎面吹來。

「這風是從哪裡來的？」我好奇地問他。

「這道涼風來自東側的黑森林山谷，是一種特殊的地型風。在1960年代，人們就**已經知道**這個現象了。」他進一步

說明,「城市在開發時也特別留意維持這條風廊,以免影響夏天市區的散熱。」

後來我才知道,這條風廊上的建築開發受到嚴格管制,有一個足球場增建計畫就因為會對風廊形成阻礙,最終被否決,移到別處興建,避免影響市民的舒適與健康。

德國是最早啟動風廊指認的國家,他們稱之為都市氣流路徑(urban air paths)。為了有效保護自然風廊,並識別潛在的都市風廊,以確保未來都市發展時能夠維持或改善通風條件,德國採取了兩項重要的措施。

首先,在**聯邦政府**層級,依據《聯邦自然保護法》的規定,需「妥善保護能產生新鮮或冷空氣的區域、空氣交換路徑,以及都市的開放空間」,以明確的法律定義及保護風廊,確保鄉村地區持續產生新鮮且涼爽的空氣,並順暢地流入城市中。

其次,**德國工程師協會**(Verein Deutscher Ingenieure,簡稱VDI)依照這個法令訂定指認風廊的規範,[註2] 並同步出版了一本《城市規劃氣候手冊》,提出風廊連續長度至少要達到1公里,寬度50公尺,且應儘量減少大型障礙物。研究都市氣候的Helbig教授在其著作中指出,風廊兩側若有建築物,造成風阻的寬度應在風廊寬度的10%以內,高度儘量不要超過10公尺,且間距應大於高度的10倍(如果是植栽則為5倍),

以確保風廊上的通風良好。

德國慕尼黑、斯圖加特、弗萊堡、卡爾斯、柏林等城市依照這個風廊規範繪製都市氣候地圖、指認都市的風廊，也是這些城市在新市區開發、舊市區更新的重要參考。舉例來說，德國柏林於2008年停止營運而釋出的天普霍夫機場（Flughafen Berlin-Tempelhof）基地，也保留原有**飛機跑道**軸線成為重要的都市風廊。

歐洲有不少城市依循德國的規範進行風廊指認，葡萄牙的里斯本也是一個代表性的城市。里斯本鄰近大西洋，毗鄰大加斯河口（Tagus Bank），一年四季主要受到北風吹拂，而午後則有南風從河口吹入。由於里斯本的居住密度較高，都市熱島現象嚴重，導致市中心的氣溫比沿岸區高出約3℃，同時也造成空氣品質惡化的問題，因此有迫切的通風需求。

考量到這些因素，里斯本大學的研究團隊進行了地形和建築分布研究，於**河谷地帶**且建築物相對較少的區域發現了

註2：德國工程師協會訂定了VDI 3787 PART1，它是全球第一個針對風廊如何指認及繪製的建議。最早的版本是1989年，至今已有35年歷史，目前最新的是2015年規範，它是世界各地指認風廊的重要規範，（VDI, 2015）。《城市規劃氣候手冊》針對風廊的理論、評估、指認、規劃設計進行詳細的規範。他們依照功能將風廊分為4類，包含一般流通風廊、潔淨風廊、降溫風廊、潔淨及降溫風廊，代表該風廊是否有降低空氣溫度、提升空氣品質的效益。

2條南北向的風廊。為了確保這些風廊能夠有效通風,該研究團隊建議,在沒有進行對背風區通風影響的詳細研究前,應**禁止**進行任何城市開發,尤其要避免興建東西向的高樓建築。此外,沿著風廊種植的樹木不應該形成密集的防風林,以確保有效降溫和改善空氣品質的效果。

台灣的風廊指認

德國的這套風廊指認方法,除了在歐洲國家廣泛被採用,近十年來也開始在亞洲城市應用,如香港、北京、東京、新加坡等城市都有都市風廊的指認,台灣也在2020年起,以科學且系統的方式來建立風廊。

亞洲城市開發密度比歐洲城市高,高樓林立,是造成都市通風不良的主要原因。因此在指認風廊之前,需要先取得建築物的面積及高度資訊,以建立地表的風阻資訊(或稱**粗糙長度**),以辨識出都市中較為空曠且連續的路徑,例如水域綠帶、開放空間、較寬道路等。

在台灣進行風廊指認還有另一個挑戰,即找出都市主要風向。雖然我們可由中央氣象署建立的測候站長年觀測資料,統計不同季節及時段出現頻率最高的風向,不過,因為測候站的密度不高,台灣城市的地形變化劇烈,臨海城市受

到海陸風的影響也大，只由這些測候站的資訊難以得到解析度較高的風向資訊。

有鑑於此，我們應用國家災害防救科技中心與國科會之台灣氣候變遷推估資訊與調適知識平台計畫資訊，建立2公里解析度台灣歷史氣候重建網格化資料，[註3] 用來判斷城市的主要風向。

台中市是台灣第一個進行完整風廊指認的城市。它有3條南北向風廊（濱海風廊、台地風廊、盆地風廊）穿越城市，對應夏季夜間的南風；以及2條東西向風廊（大安河谷風廊、烏溪河谷風廊），日間由海洋吹至內陸，夜間則由內陸吹至海洋。

這些風廊有**台中國土計畫**為上位指導，並已納入台中市七期重劃區、十四期重劃區、水湳經貿園區的都市計畫土地使用分區管制，在風廊兩旁的建築物需進行適當的棟距、面

註3： 台灣歷史氣候重建網格化資料（Taiwan ReAnalysis Downscaling data, TReAD），是透過美國國家大氣研究中心的大氣研究與預報模式WRF模式（Weather Research and Forecasting model）將歐洲中期天氣預報中心（European Centre for Medium-Range Weather Forecasts, ECMWF）所產製的ERA5重分析資料進行動力降尺度至2公里解析度資料，模擬期間為1979年至2021年。本處使用之資料期間為2011年至2018年，氣候要素則為經過月平均後的逐時氣溫、溼度、風速、輻射資料，以及出現頻率最高之風向資料。（林秉毅等，2020；王柳臻，2023）

寬、退縮管制。同時，配合都市更新中以「**基地通風率**」、「**低層部通風率**」獎勵面對永久性空地（如公園、水域）的建築量體管制，從都市風廊到基地風道雙管齊下，是目前對於都市氣流管制體系較為完整的城市。

台北市則是**多方向**性風廊的代表城市。依據夏季的長年風向資訊可以看出兩個截然不同的風廊系統，其一是來自淡水河口的西北風，經社子島、關渡平原吹入台北盆地，以重慶北路、承德路、中山北路、新生北路為最主要的南北向風廊；其二是來自汐止基隆河谷的東風及東北風，經內湖、南港流入台北盆地，如民權東路、民生東路、南京東路、市民大道為東西向風。

目前**市民大道兩側**已將風廊管制納入都市設計審議規則中，針對建築物之退縮與棟距進行管制。同時，為了讓公園綠地及私人基地中的綠化降溫效果能擴展延伸，也研擬於現行的都市計畫之中修正，鼓勵建築棟距增加、沿街面寬減低，以提高通風效果及強化綠地降溫擴散效果，有助於降低體感溫度，改善都市微氣候。

風廊在大型都市常因建築密集而難以尋得，也常因大量人工發熱而難以發揮效果，而小城市的風廊反而易於指認並發揮功效。**嘉義市**以**涼適**、**活力**、**新木都**為都市發展主軸，風廊就扮演著重要角色，我們由都市街道及建築涵構中，指

認了4條南北向風廊及3條東西向風廊,並以外環道世賢路為環狀風廊,不僅能達到提升市民活動的**涼適**目標,銜接郊區蘭潭的風廊系統更有助於**空氣品質**的改善,能幫助減緩PM2.5及臭氧濃度。

缺口與挑戰

台灣在通風方面仍然面臨著眾多挑戰。其中一個關鍵問題是缺乏**中央層級**對通風的法令支援。與德國對風廊的法令規定相比,台灣尚未有明確的法律框架來指導相關工作。目前,中央的建築技術法規僅關注於確保日射權,而**忽略了對風權的重視**,這導致通風的重要性在建築設計中遭到忽視。

也因此,目前都市通風僅能由地方政府制定規範實踐。過去,由於缺乏足夠的氣候與地表基本資料,無法有效進行通風規劃。然而,目前TCCIP計畫已開始建立全台的風向及風速的**網格化圖資**,透過整合內政部的三維建築物圖資與地方政府自行測繪的建築物GIS圖資,可以有效指認風廊。

在通風的管制方面,目前地方政府大多僅針對特定區域進行管制,如都市更新區、重劃區、新興開發區,或臨接河岸、綠地、大型開放空間之建築基地,而非**全市性**的通風規定。這使得建構全市型風廊系統變得困難,同時也影響了建

築的開發型態,需要更長的時間來調和業者的開發權益與現有法令。

　　值得慶幸的是,在都市熱島及全球暖化的警示下,各級政府對都市通風逐漸重視,也願意投入更多的時間進行**科學分析、法令研擬**和**社會溝通**。期待未來,台灣每個城市都能建立具有地方特色,且能調適在地氣候的風廊系統及相應指引規範,以確保市民的受風權得到充分保障。

4-3

遮蔭
給市民一條不間斷的舒適廊道

酷熱捷徑和陰涼繞道，你選哪一條？

「要選林蔭步道，還是穿越大廣場？」我遙望著廣場另一端的目的地建築，認真思考了片刻。

從下了公車後，我在烈日下走了十幾分鐘，襯衫已溼透，體力快耗盡。最終，我選擇了穿越廣場這條捷徑。不過，走到一半就後悔了。

這座廣場上方空曠沒有任何遮蔽物，太陽輻射直射身體；腳下的鋪面也受到太陽直射，使得表面溫度上升，釋放紅外線輻射加熱氣溫。上下夾攻的高溫讓身體蓄熱量增加，因此身體只能以流汗方式加速散熱。

　　一位媽媽和她的女兒撐著陽傘悠閒地走過我身邊，眼神透露出同情，彷彿在說：「這一定是外地人，不撐傘也敢走這條路？」

　　哎，道理我都懂，但貪圖速度時總不免要被「厭陽高罩」的氣候擺一道！

樹蔭是城市裡免插電的冷藏室

　　都市中的陰影十分可貴，像冷藏室一樣，讓環境低溫，行走的人舒適，還**不必插電**。

　　遮蔽物就是創造這些陰影的關鍵，它將太陽輻射（短波輻射）反射，讓地表的溫度降低，減少釋放紅外線輻射（長波輻射），而減緩氣溫上升。當民眾待在陰影下，接受到的輻射熱較少，身體也會覺得涼快一些。

　　最好的遮蔽物是**喬木**。喬木開展的樹枝、葉片擋住了部分的陽光，在地面上創造了陰影。由於喬木葉片翠綠輕薄，具有高反射、低蓄熱、易散熱的特質，是都市中最好的遮蔭來源。

　　喬木的水平開展性愈好，樹葉愈茂密，就能在地面上創造愈多的陰影面積。水平開展性可用喬木的冠幅（樹冠的水平寬度）與枝下高（樹冠最下層樹枝離地面的垂直距離）

的比值來評估，數值愈大表示樹冠愈往外開展，遮蔭的效果愈好。而樹葉的茂密程度，可用葉面積指數（LAI）[註1] 來評估，它是植栽樹葉總面積與樹冠投影面積的比例，數值愈大代表**樹葉茂密**、遮蔭效果愈好。

我們曾針對台灣多種植栽的LAI進行量測。其中，低遮蔭植栽如小葉欖仁、木棉，LAI介於0.5-3.0之間；中遮蔭如無患子、樟樹，LAI介於3.0-4.0之間，高遮蔭植栽如榕樹、茄苳，LAI介於4.0-6.0之間。

喬木的LAI愈高，樹蔭下的熱舒適性愈好。實測結果顯示，如果一個人站在高遮蔭的植栽下，體感溫度會比空曠處低了7.7℃左右，如果是站在中遮蔭、低遮蔭的喬木下，大概只能降低6.5℃及3.6℃左右。[註2]

註1： 葉面積指數是植栽樹葉總面積與樹冠投影面積的比例，其值愈大，代表樹葉的密度愈高，遮蔭性愈好。舉例來說，茄苳的LAI = 5.0，代表樹葉總面積為樹冠投影面積的5倍。如果樹冠的投影為10平方公尺，代表總葉面積為5 x 10 = 50平方公尺。LAI分布大概是2.0到6.0之間，且會受到不同季節的落葉情況及生長狀態影響而有不同。本研究室LAI實測方法是透過葉面積指數測量儀LaiPen在喬木遮蔭處進行多點測量，最終將測得的數據加總平均。本文中的LAI數據是依台灣多處夏季喬木的生長狀態，以樹冠茂密時期的樹葉總面積及樹冠投影面積計算（魏肯堞，2024）。在應用上，新加坡是以LAI做為計算基地立體綠化量（即綠色容積率）使用，台北市也用於新版的綠化實施規則之中，針對不同LAI分級進行綠化降溫加權，計算基地綠化量。

騎樓與遮簷提供舒適的步行體驗

另一種遮蔭是由**人工構造**產生，建築物可利用量體的凸出或凹陷創造出更多局部的陰影，像是騎樓、穿堂、遮簷、雨庇……等。另外還有些是獨立於建築物的，像是天橋、有頂蓋的走廊、遮棚、花架等。

和喬木一樣，人工構造的遮蔭效果與其型態比例有關，我們最常使用設施物的W/H（寬高比）來描述騎樓、遮廊、頂棚的型態。其中的寬度W泛指這個設施凸出或凹陷的距離，例如騎樓的深度、遮廊或出簷的寬度，或是頂棚水平的長度等，而高度H就是這個設施離地面的淨高。當W/H愈大時，遮蔽效果愈好，能提供更好的舒適性——這就像是傘面愈寬、傘拿得愈低，遮蔽的效果也愈好。以新加坡為例，建議W/H至少在0.8以上，並以1以上為佳。

在台灣的實測及模擬結果顯示，當行人走在無騎樓或遮蔽物的空曠人行道上，因受到強烈日射曝晒，夏季日間的舒適率只有48%，表示行人有超過一半的時段都會覺得不舒適。不過，只要上方有遮蔽物，就可有效提高舒適率：沿街2公尺的遮簷舒適率為87%，標準3.64公尺寬的騎樓可達94%，若是走在深度達6公尺以上的穿堂或遮廊，因日射不易進入，能維持幾乎**全年舒適**的狀態。[註3]

　　值得注意的是，當遮簷、騎樓、穿堂的淨高增加時，其寬度或深度也需增加，舉例來說，如果騎樓挑高了兩層樓，那深度就需要增加才能達到相同的效果。或是在騎樓側面外緣處增設能阻止太陽入射的**百葉或遮陽板**，行人才不會被低角度的日射晒到，確保舒適性。

　　另外，由於人工遮蔽物較易蓄熱，因此應選擇淺色、不透明或低透光、輕量化的材料，才能避免材料蓄熱而釋放輻射，降低戶外的熱舒適性。像是輕薄的金屬板、擴張網、沖孔板、木格柵，或是搭配植栽攀藤，都是較好的材料。

　　人工的遮蔭設施，雖然不像綠化一樣具有多元的生態與健康效益，不過，由於它的日光穿透性低，且易於維護管理，在一些**不適合種植大型喬木之處**，是良好的遮蔭選擇。

註2： 本研究針對多種台灣喬木進行實測及模擬分析，結果顯示，若與直接暴露於空曠處相比，人們處於高、中、低遮蔭性的植栽下，其平均輻射溫度Tmrt（或體感溫度PET）約可降低11℃（或3.6℃）、23℃（或6.5℃）、26℃（或7.7℃）。LAI每提高1單位，其體感溫度可降低2.9℃。

註3： 該研究先以模擬工具LadyBug的熱輻射套件於Rhino-Grasshopper進行輻射量與體感溫度計算，經現地實測驗證後，建立多組不同比例／方位的騎樓型態，以長年的標準氣候資料模擬逐時PET。評估時段採夏季6-8月的9點至15點之間，評估方位為較易受日射影響的西向騎樓，熱不舒適率則是以前述時段中PET超過34℃的時數占比，文中的遮蔽設施高度均以3公尺計之。（Ou & Lin, 2023）

遮蔭讓城市行人放慢步調，減少壓力

人們在夏季時，喜歡**選擇**有遮蔭的路徑。

美國德州農工大學Robert Brown教授針對奧斯汀市中心的觀察發現，城市中有高達85%的行人選擇了遮蔭的路徑行走及停留。[註4] 亞歷桑納大學米德爾（Ariane Middel）教授針對鳳凰城的研究指出，如果改造市區原本暴露於日晒的道路，使其遮蔭增加變得涼爽，則每增加1公里涼爽道路時，會增加90%路人選擇繞道，行走更長但溫度較低的路徑。

當行人走在遮蔭路徑時，步行**速度**及**心情**也會產生微妙的變化。

知名的美國心理學家羅伯·李維（Robert V. Levine）認為，過快的步行速度，會降低人們**社交互動**的意願，並忽視陌生人的需要，還會造成心理及生理壓力而不利於**健康**。[註5] 許多學者也倡議慢行城市（Slow Cities movement）的理念，如果城市的空間能讓人們走路速度慢下來，將有助於提高生活品質，對民眾的身心健康都有幫助。

阿姆斯特丹大學梅利尼科夫（Valentin Melnikov）教授將此一論點與行人的熱舒適性相結合，以新加坡為研究場域，探討不同的體感溫度區間內，哪些情況會讓行人的腳步變慢。他們透過人體熱平衡模擬以及步道上的攝影記錄結果發

現，只有在體感溫度**適中**時，人們的行走速度**最慢**，而在過高及過低的體感溫度下，行走速度則會顯著加快。[註6] 並進一步指出，遮蔭的路徑能提供舒適宜人的體感溫度，讓行人**放慢腳步**。

梅利尼科夫還進一步指出，遮蔭路徑雖然讓人慢下腳步，但心理上**反而覺得**更快抵達目的地。

他延續了前一個研究，在新加坡進一步探索人們行走於日晒及遮蔭兩種路徑的「投入成本」。研究人員召集了74人，請他們在走完校園內日晒與遮蔽的路徑後，對他們行走所花的成本——即「時間」及「距離」進行評價。結果顯示，與遮蔭路徑的感受相比，這些人「覺得」走在日晒路徑

註4： 研究人員在德州奧斯汀的市中心國會大道上架設攝影機進行隱密的觀察，事後並透過影片來辨識街道上的人們是位處空曠處或遮蔭處。研究發現，在259名行人中，有高達221人（85%）選擇坐下／站立／行走在有遮蔭的部分。其中坐下的人全都位於遮蔭處。

註5： 李維曾在1994年測量全球31個國家的市中心行人走路速度。他認為，城市中的行走速度是城市「生活步調」（Pace of Life）的一項重要指標，它與人口、經濟、文化、社會有密切的關係。行人走得快的地方，因為提高了時間價值，往往會更具經濟生產力，但也可能導致一些問題，例如人們走路速度愈快，他們就變得愈不會幫助別人，也有較高的比率罹患冠狀動脈心臟疾病。在這份31個城市調查中，行走速度前三名是瑞士、愛爾蘭、德國，最慢的是巴西、印尼、墨西哥。台灣的步行速度名列第18，在亞洲地區比日本、香港慢，比韓國、中國、印尼快。（Levine & Norenzayan, 1999）

上的時間多了16%，距離長了84%——行走在日晒下的成本比
遮蔽處高出許多。也就是說，在日晒下人們走得快卻**度日如
年**、飽受煎熬，在**遮蔭**下人們慢慢走卻覺得**時間過很快**，行
走得怡然自得！

　　有一次我在國外研討會和米德爾教授交談時，她對台
灣的遮蔭研究和騎樓設計很感興趣。她認為鳳凰城和台灣一
樣，面臨高溫和強日射問題，提供遮蔭路徑是應對氣候變遷
的關鍵，她語帶肯定地說，「走在遮蔭路徑，人們的身體及
心理都**輕鬆多了！**」

註6：　研究團隊選擇了一條連接非市中心的住宅區至Lakeside地鐵站間的
　　　步道進行觀測。這條路徑長度30公尺、寬度2公尺，路徑筆直且無
　　　其它出入口。研究人員在遠處由攝影機記錄行人的移動，並計算
　　　速度。模擬研究結果發現，在各種溫度情境下的行走速度分別為
　　　1.52m/s（氣溫17.2℃，代表低溫情境）、0.88m/s（氣溫20.0℃，
　　　代表適溫情境）、1.24m/s（氣溫23.3℃，代表高溫情境），實際
　　　觀察的結果也符合這個推論。學者認為，當氣溫過低時，人們需透
　　　過加快步行速度來增加身體代謝量，維持體溫；當氣溫過高時，人
　　　體皮膚微血管會迅速擴張，並加速流汗來調節核心溫度，但當身體
　　　無法有效散熱時，只能加速離開以縮短暴露時間；只有在溫度適中
　　　時，人體恰可透過皮膚散熱或流汗即可調節，故步調悠閒，行走速
　　　度最慢。（Melnikov et al, 2020）

新加坡：走出捷運400公尺內保證你晒不到太陽

新加坡絕對是全球將遮蔭法治化做得最徹底的國家，這裡一年四季都是夏天，每年11月至次年3月為雨季，為了能讓步行環境具備遮陽擋雨的功能，新加坡政府採用了兩項重要政策，來達成良好的遮蔭行走空間。

第一項策略是強化**騎樓**（covered walkway）的功能及品質。新加坡早在1822年的都市規劃中，就要求店鋪住宅臨街側要有5英尺（約1.5公尺）的騎樓（俗稱五腳基）供行走。然而這樣的騎樓太窄，遮陽擋雨的效果有限。因此，新加坡市區重建局在都市開發準則中，要求在中央商業區、商業及住商混合區域、捷運站方圓400公尺內的區域中，若有設置騎樓，其深度要達3公尺，如果是在方圓200公尺內，騎樓深度要達3.6公尺，而且規定W/H > 1，以確保良好的遮陽效果。

第二項策略則是在人行道上增設**遮蔽連通道**（covered linkway）。有別於上述騎樓是設置在建築基地上，遮蔽連通道則是獨立於建築物，在基地外的人行道上搭建有頂蓋的通道。新加坡陸路交通管理局從2013年開始推動這項興建計畫，在捷運站與其方圓400公尺範圍的公共區域（如學校、醫療機構、商業住宅社區等）之間的人行路徑上興建遮蔽連通道，來連接公共運輸系統與公共建築。

　　新加坡對城市遮蔭的終極目標,是讓旅客由捷運站出來後,不論是轉搭公車,或是到鄰近的區域,**在步行400公尺之內都能享受連續不中斷的遮蔭路徑**,目前甚至連自行車的通行系統都有良好遮蔭,對於其型態、外觀、尺寸、構造及材料等,都有明確的設計規範。

澳洲:以遮蔭促進市民健康及街道活力

　　澳洲也是全球推動都市遮蔭的模範生。如果說新加坡推動遮蔭政策的原因主要是避免高溫日晒雨淋,提供人們行走的舒適性,那澳洲則是為了另一個關鍵原因:避免民眾受到**紫外線危害**,確保戶外活動的健康。

　　澳洲位於南半球,因為接近南極上方的臭氧層破洞,使得紫外線強烈,再加上當地空氣潔淨、白人皮膚細胞缺乏黑色素、民眾偏好戶外活動等因素,是全球皮膚癌發病率最高的地區之一。

　　如果你曾到過雪梨的中心商業區,一定會被沿街各式各樣的遮蔭設計所吸引。建築物立面具有韻律感的**造型雨庇及遮簷**,以木構、鋼板、薄膜等各種材料呈現,在大樓之間有半透光頂棚的連接通道,商業大樓前方有一個籃球場大、6層樓高的大型頂棚。離開建築物,沿著街道走的時候,人們都

能走在戶外空間的遮蔭底下。

遮蔭不只是確保民眾的健康，還帶動了街道的活力。就像前面提到的，遮蔭有助於人們減慢行走速度，提升城市步行品質，也強化了商業銷售及觀光旅遊的魅力。

有一次到雪梨參與都市氣候會議，遇到澳洲Sunshine Coast大學的Silvia Tavares教授，她的研究主題就是城市遮蔭系統。我問她，澳洲政府是如何推動街道的遮蔭設計呢？

「澳洲許多城市都十分重視人行道上的遮蔭性，會仔細調查**盤點**哪一條道路上的植栽及人工遮蔽不足，也就是**指認**遮蔭的弱區。」她告訴我，「盤點完成後，城市會列出逐年改善計畫，**補植**人行道上的喬木，或**規範**建築物沿街的步道、開放空間，要有足夠的遮蔽率。」她長期與市政府的城市發展部門密切合作，將研究成果畫成**遮蔭地圖**，納入城市發展計畫。

「不只如此，澳洲針對**兒童遊戲場**的遮蔭設計最為嚴格。」她很有自信地說，「你應該很難在到澳洲找到任何一塊上方沒有喬木及遮蔽設施的兒童遊戲場！」

中央與地方政策互補，才能有效推動遮蔭設施

在台灣的建築基地之中，除了喬木創造的自然遮蔭之

外，尚有三類人工遮蔭設施，包含「建築量體內縮」（如騎樓）、「建築附加設施」（如雨庇、遮簷）、「單獨設置設施」（如迴廊、頂棚、框架）。在中央主管的《建築技術規則》法令中，或縣市政府地方自治條例中，對於這三類設施在設置上都有相關的優惠或是限制，這無形中衍生了對遮蔭設施的推力與阻力。

騎樓俗稱亭仔腳，是台灣從日治時期就有的建築特色，一直以來中央就朝鼓勵方向推動，享有的優惠也最多。在中央法令的規範中，它所占的面積不計入基地面積，也就是視為法定空地，不計入建蔽率。

地方法令則要求騎樓的寬度要增加，如台北要求需達3.64公尺，高雄市3.9公尺，台中市4公尺。同時，這些縣市也針對騎樓地板的齊平、防滑、排水都有進一步規範，確保行人行走時的舒適及安全。^{註7}

不過，前述「建築附加設施」與「單獨設置設施」這兩類遮蔽物，在設置時若與騎樓相比，因中央法令多所限制，執行時困難重重。

註7： 中央之騎樓規定可參閱《建築技術規則》第57條內容，其它縣市則參閱《台中市騎樓及無遮簷人行道設置標準》第4條、《台北市建築管理自治條例》第7條、《高雄市建築管理自治條例》第15條。

舉例來說，雨庇、遮簷有其設置位置（如地面出入口、窗緣）的規定，深度也只能在1公尺以下（地面出入口雨遮可放寬至2公尺），像是公寓住宅前面的遮雨棚，還只能以出挑方式而不能落柱，建築物的出簷也不能設置在都市計畫中指定**無遮簷人行道**的上方。

而單獨設置的迴廊、頂棚、框架，如國中小學的風雨操場頂蓋、住宅大樓之間的有頂連通遮廊、商業廣場上的頂棚遮罩等，這些設施投影面積也都需計入建築面積（影響建蔽率）及樓地板面積（影響容積率），因而降低使用單位設置的意願。

不過，近年來各地方政府也陸續發展相關的遮蔭規範，來補足中央法令的不足。

在**台中市**的建築管理上，若在法地空地上設置造型框架，來提高陰影遮蔽降溫效果以達城市生活舒適感，而且下方「無實質空間使用，並結構單獨設置不與建築物相連」，其投影面積可以不計入容積樓地板面積。

在**高雄市**「高雄厝」的相關規範中，一棟標準的透天住宅最高可設置30平方公尺的屋前綠能設施（如景觀綠化或太陽能板），其下的遮蔭空間可供停車、休憩使用，甚至連退縮騎樓地上也可以設置綠能設施，在綠化或發電的同時也具有遮蔭涼適的效果。

　　而研議中的**台南市**特色建築，也增加涼適遮棚、熱舒適步道兩項，只要設計及尺寸符合相關規劃，可以不計入開發的面積。

　　台北市都發局則是以「體感降溫2℃」為目標，將自然及人工遮蔭整合評估導入建築設計，並由公有建築物帶頭做起。[註8] 目前研議修改既有綠化規則，將原先僅以總綠化面積計算的「綠覆率」規定，額外考量個別喬木對遮蔭涼適效果的加權，鼓勵設置系統性的遮簷設施，整合出「**綠容率**」的創新方案，[註9] 且依不同基地規模及屬性進行基準值的規範。

　　當綠化降溫與通風散熱這類的「減緩」策略來不及跟上熱島的升溫，那麼**遮蔭**設計這類的「調適」策略就應該要**即刻推動**，以避免人們的舒適及健康受到衝擊。僅管遮蔭在中央及地方的法令上仍有許多不足之處，也面臨許多挑戰，但相信透過中央與地方政策互補、營建產業與規劃設計者的推動，未來可以在城市中帶給市民一條**不間斷**的遮蔭廊道。

註8： 台北市推動降溫城市計畫，提出台北低碳家園三大策略，以「體感降溫減碳」、「建築能效減碳」、「密集綠覆固碳」，務實來推動降溫、低碳、宜居的城市。「體感降溫減碳」，是以增加開發基地綠化面積及覆蓋率來達到水綠降溫，或是透過建築物退縮及棟距加大達到通風散熱，抑或是增加連續性的樹木、騎樓等空間打造涼適的戶外環境，讓市民有意願外出活動休憩。目前已啟動「都市降溫宜居家園專案計畫」，針對綠容積、密集綠覆、深陽台及連續遮簷設施之建蔽容積計算方式，研議進行專案都市計畫擬訂，並完成法治化程序。

註9： 台北綠色容積率（Taipei Green Ratio, TGR）簡稱綠容率，代表綠化量對體感降溫的貢獻度，是我們研究團隊協助台北市政府都發局建立的綠化降溫效益評估公式。計算中沿用新加坡綠色容積率的概念，導入台灣各類喬木葉面積指數在體感降溫效果上的加權，計算出等效降溫的總葉片面積與基地面積的比值，可表示為TGR=（喬木面積 × 喬木降溫係數 + 灌木面積 × 灌木降溫係數 + 地被面積 × 地被降溫係數 + 系統性遮簷設施投影面積）/ 基地面積。其中，高遮蔭喬木降溫係數為3，低遮蔭喬木則為2。灌木綠化加權係數為2.0，草皮則為1.2。

4-4

節能
減少空調排熱，讓都市降溫

都市高溫的根源

「什麼是造成台灣都市高溫最主要的原因？」

這是我出國參加都市氣候研討會時，常會被問到的題目。學術界的提問有時是對科學的探索，有時只是啟動交談的方式。畢竟有時中場休息時專挑免費食物猛吃也不好意思，總要與身邊那位也拿了滿手甜點的學者講個一兩句話，這才禮貌。

「人為排放熱」（anthropogenic heat），這是我一開始會用的回覆。這個稍具專業但籠統的名詞，包含了都市中的工業生產、交通運輸、建築排熱。不過，通常他們會停頓思考

一下，也許是這三種分類別過於粗略且各有其細項組成，也可能是這個字對我來說實在不好發音，根本聽不懂我到底在講什麼。

「空調」（air conditioning），這通常是我下一句最直接了當的回答。

我記得20幾年前，歐洲人問我這個問題時，都會顯得有點訝異，因為他們第一個聯想到的可能是暖氣，也不太理解冷氣為什麼會造成這麼嚴重的都市高溫議題，多半認為是綠化、水域、通風、材料蓄熱等因素。

不過，近年來歐洲夏天的氣溫節節上升，他們對冷氣機也不再陌生，這個答案就比較能夠理解。至於來自新加坡、日本、泰國、香港等高溫環境的學者，倒是連這個問題都很少發問，大概生活裡早已習慣冷氣，也了解空調排熱對都市的嚴重影響。

空調排熱是亞熱帶都市高溫的元凶

依能量守恆定律，熱量不會無中生有，也**不會憑空消失**。當我們開啟冷氣讓室內氣溫降低，只是透過冷氣機把室內熱量「**搬**」到戶外而已。室內降溫的同時，戶外也會升溫，只要你走到冷氣室外機感受一下散熱風口高達45℃的高

溫，大概就能體會這個現象。

日本東京都辦公區域的研究顯示，當夏季開冷氣時，會使戶外氣溫上升達2℃。岡山理科大學大橋唯太教授透過模擬分析發現，在上班日時，因大家都開冷氣機，建築物排出的熱量會使戶外氣溫上升1-2℃，但假日期間因沒上班，建築排熱大幅減少，對戶外氣溫度幾乎沒什麼影響。

當戶外的氣溫愈高時，空調的排熱量也會造成更顯著的升溫。美國鳳凰城是夏天高溫並依賴冷氣的城市，Salamanca教授研究發現，空調排熱讓夜間的戶外氣溫增加1℃左右，而在2009年7月的10天熱浪時段中，夜間增溫更達1.5℃。也就是說，當外界氣溫愈高時，**空調排熱**量愈多，導致都市的升溫更為劇烈。

而空調排熱造成的都市熱島，將產生嚴重的排熱增溫及能源耗用的惡性循環。過去在台北針對成功國宅的模擬研究顯示，在夜間11至12點的時段中，冷氣的排熱量會造成周圍環境的氣溫升高1.9℃，而這些熱氣又會導致空調耗電量增加10.7%，形成了空調使用與都市升溫的**惡性循環**：室內開冷氣→空調排熱→戶外升溫→室內更熱→室內開更強冷氣。

所以，如果你住在較熱的市區，會比你住在郊區的空調耗電量更高。台灣過去的研究顯示，同樣一戶41坪的標準住宅，如果位於熱島中心的高溫區，夏季約有2,855小時室內溫

度超過舒適範圍，會需要開啟冷氣，而在郊區的低溫區，大概只有710小時需要開冷氣。若依標準的面積、電費、時段計算，每年高溫區吹冷氣的電費，就比低溫區多了6,400元，十分可觀。

空調用電占全國一成，最高可節能30%

開啟空調除了排放熱氣外，因需使用能源，也衍生二氧化碳的排放。依歷史統計結果推算，空調耗能及碳排在全球的占比為7%，台灣占比為9.6%，將近一成，不可小覷。[註1]

如果要減少空調排熱、耗能、排碳，可以由兩種策略來

註1： 空調的耗能及碳排的占比並不容易推估，這是因為建築物的空調、照明、電器三類耗能占比會依建築使用型態而不同。以台灣為例，辦公室、醫院以空調占比最高，百貨業空調及照明比例差不多，住宅則是家電占比高，空調占比較低。若由全球來看，空調耗能更會受當地氣候及使用特徵而改變，不易精確評估。依照國際能源總署的統計（IEA, 2021），全球建築物的日常耗能及碳排約占27%，但並未統計空調占全球耗能及碳排之占比，故以過去統計數據7%來假定（蓋茲，2021）。依照台灣環保署的統計，建築住商部門的碳排放量約占22%（約各11%），而按照能源局調查，住宅類空調用電量約占28%（經濟部能源局，2020），依《綠建築解說及評估手冊》中用電的統計，非住宅類空調用電都占全年用電量的60%以上，加權平均約44%，故推估空調耗能及碳排占全國的9.6%（22% x 44%）左右。（林憲德、林子平、蔡耀賢，2023）

進行。首先是建築外殼**節能設計**，做好外牆、玻璃、遮陽、通風設計是四大關鍵：使用適當的隔熱材料可以減緩高溫傳進室內的速度、避免過多的玻璃面讓日射進入室內、透過適當方位及深度的遮陽板來阻擋日射量、透過良好的開窗及通風路徑帶走累積在室內的熱量。

其次是**空調設備節能**，除了選擇有節能標章的冷氣機之外，合理的空調系統也是節能的關鍵。

「在相同的冷凍噸數下，商辦大樓使用水冷式冰水主機，會比氣冷式冰水主機的發熱量少了許多。」洪國安博士進一步指出，商用的大型冰水主機，多採用屋頂冷卻水塔，以水做熱交換，採用潛熱蒸發冷卻的效率較好；而一般住家使用的分離式冷氣機（即氣冷式冷氣機）是以空氣做熱交換，透過戶外機的散熱鰭片來冷卻冷媒，以空氣顯熱的傳遞效率較差。

不過，當全球都以2050年「淨零排放」為目標，2030年排放減半為階段任務，把建築的外殼設計及空調設備做到最佳，就真的能達成這個目標嗎？

「30%的近零建築，才是**可兌現的承諾**。」成大林憲德教授指出，國際瘋狂地追求淨零——也就是完全不使用能源、不排放碳，只是不切實際的幻想。

若攤開國際能源總署所提的建築淨零路徑，2050年全球

耗能以減少97%為目標。不過，其中有5.7%需由人類自主節能行為來達成（如不開啟冷氣、空調溫度設定提高），59.9%需靠能源轉型（如能源電力化、採用氫能、生質能、其它再生能源以達到電力去碳化），而剩下的31.4%節能，才是透過建築外殼、空調設備可以達成的。不過，也不能小看這三成左右的節能，必須依賴許多政策手段才能達成。

歐盟很早就訂有建築能效指令（EPBD），建立起建築能效評估及標示制度系統。公有建築物會將其節能等級標示在出入口，私人建築物則需在買賣或出租時在網路或公開平台揭露相關資訊。

台灣也於2022年開始，正式導入建築能效評估系統（BERS），並將其分為8個等級，能效4級為符合建築法令的一般標準，若與2000年時能源局統計的建築耗能量相比，約可節能20%（主要為空調及照明）；而1+等級者為我國所定義之近零碳排建築，最高可節能50%。

就像買冷氣及冰箱等家電，民眾都會選擇有「節能標章」的家電來省電一樣，台灣的BERS系統就是建築的節能標章，能確保使用者在合理的使用下，有效減少用電，也減少排熱。

能源懲罰：氣候變遷下的空調溫度正義

　　然而，即使各國訂定這些建築外殼設計及空調節約能源法案，空調未來仍將面對更加嚴峻的挑戰。隨著全球暖化與都市熱島，內外夾擊的兩種升溫情況導致的空調耗用勢必更加嚴重，這也引發溫度公正性的議題。

　　高雄師範大學黃瑞隆教授、台灣大學黃國倉教授，以及中研院林傳堯研究員曾進行一個合作研究，在分析台灣中部都會區的住宅空調耗能時，導入IPCC AR4的氣候變遷情境（A1B），發現都會區在世紀末時的全年冷氣開啟時數，會比現今提高68%左右。同時，如果再把市區因都市熱島的額外增溫也加入考量，高溫市區的住宅空調耗能，會比低溫郊區高出15.5%。

　　延續這個觀點，我們研究團隊以最近的IPCC AR6的固定暖化情境（+2℃），針對台中市進行分析。發現空調高耗能區的面積，會由現今的7%提高到39%，足足提高5倍。值得注意的是，夏季空調耗能增加率為37%，但春季及秋季增加率更高，為64%及52%，高耗能的時段也從3個月延長至6個月。這顯示了都市化導致市區裡空調高耗電的面積增加、時段拉長，嚴重影響都市排熱及能源消耗。註2

　　「這就是**能源懲罰**（Energy Penalty），要享受都市生活，

就得付出代價！」黃瑞隆老師進一步解釋，住在城市的人們，**享受**著交通便利、資源充沛、活動豐富的同時，也排放較多的人為發熱量，造成都市高溫化問題。因此，這些人間接導致的空調耗能及電費增加，也需由這些人**承擔**。

「城市裡有些居民其實是**被迫承受**，對他們而言也是無奈。」黃國倉老師則從另一個角度來觀察這個現象。他認為，城市原本只是低度開發，有些居民從出生就一直住在這裡，但隨著經濟發展，大量的重建或更新，使得移入的人數愈來愈多。那些最早的居民被迫要隨著城市發展，暴露在伴隨而來的升溫環境，也得連帶承受這些能源懲罰。

這兩個觀點都涉及了溫度的公平正義，居住在同一個城市，每個人都可能是環境增溫的**加害者**，以及用電量增加的**受害者**。關鍵是辨識出個體或族群在加害／受害光譜上的位置，以透過公正的程序及政策來改變。

註2： 空調高耗能區是指因其氣候特徵而導致空調耗能潛勢較大的地區，是以全年冷氣開啟的累積時數-度數（即冷房度時, CDH）> 16,000 度來評估，實際耗能則需考量區域內的建築物總面積，係以過去建築全能耗分析軟體 EnergyPLUS 建立之EUI及CDH之關聯式來預估。文中的夏季，春季，秋季各以7月、5月、10月來評估。另外，整體而言，鄉村的平均能耗低於10 kWh/m²，而市中心至郊區的建築能耗在44-64 kWh/m²，另有部分市區超過84 kWh/m²。（陳潔榆，2023）

全球冷卻行動承諾：從倡議到實踐

面對氣候變遷及都市熱島，近年來國際有許多重要的宣言及倡議，從更具公平性及包容性的觀點來思考空調的議題，有助於空調節能及減少排熱的實踐。

一開始是在2022年《IPCC第6次評估報告》第3組氣候變遷工作報告「氣候變遷減緩」之中，提出的**適足性**（Sufficiency）概念，除了應用隔熱、通風、採光的外殼設計，減少空調的裝置容量，也以資源的公平消耗及包容性為核心價值，考量個別使用者的需求，調整適合的室內溫度——也就是「互相包容，夠用就好」的概念。

接著，在2023年杜拜舉辦的COP28中，雖然人們多將目光聚焦在擺脫化石燃料的使用，即減緩的策略，不過，其中也包含了一項建築與都市領域皆高度注意的重要調適策略宣示，即為「全球冷卻行動承諾」。[註3]

這項承諾中包含了3項重要策略：善用自然冷卻、提高冷氣效率、降低冷媒暖化潛勢，受到美國、加拿大等63個國家響應支持，承諾到2050年時，空調（供室內的舒適性）及冷卻（供食物及藥品的保存）的碳排放量，需比2022年減少68%。

而位居首項的「**善用自然冷卻**」最為重要，也就是減少

機械式冷卻設備的需求。其實這就是我們在都市及建築設計上常提及的被動式、誘導式策略。應用於建築物的遮陽、隔熱、開窗等節能手段，以及城市的水綠降溫、通風散熱、遮蔭涼適等都市退燒舒適策略。

「基於**自然的解方**（詳1-3節）是城市最好的空調節能策略。」黃國倉老師指出，使用綠化、通風、遮蔭等自然的方式，可以有效降低環境氣溫，也可以降低附近建築物的空調耗能。他進一步說明，「只要在街道上種植樹距6公尺、樹高8到11公尺（約2至3層樓高）的密葉型喬木，街道兩旁建築物的夏季空調耗電量，約可減少5%。」[註4]

註3：「全球冷卻行動承諾」（Global Cooling Pledge）就是要解決機械式冷卻的耗能及排熱的問題。在這項承諾的第一段就提出永續的冷卻有3個重要策略：善用自然冷卻、提高冷氣效率、降低冷媒暖化潛勢。後兩項是與空調冷凍設備的製造有關，以提升空調設備的創新及效率，減少冷媒中的氫氟碳化物（HFCs）。

註4：黃國倉教授使用微氣候與建築能源的兩種模擬工具，探索戶外微氣候改變對於室內空調耗能的影響，發現當街道綠化種樹間距6公尺，樹高8到11公尺時，可以有效降低室內5%空調耗電量。相較於樹葉的蒸發散效果，喬木綠化對空調耗能的影響主要來自其葉面的遮蔭，因此又高又密的樹型更具空調節能效果。然而路樹對建築節能的效果與街谷之型態（即建築高度與臨接街道寬度之比值，簡稱高寬比）有關，深街谷（高寬比大）由於建築物的陰影通常就足以提供街面遮蔭，樹木遮蔭的效益就比較不明顯，而淺街谷（高寬比小）種植又密又高大的喬木路樹，將更有助於街道兩旁建築之夏季空調節能。

你才是空調排熱的關鍵影響者

研究者分析氣候與能源，政府擬定建築節能政策，建築師設計省能的房子，空調技師設計節能的空調系統，彼此環環相扣，缺一不可。

不過，影響空調排熱最關鍵的人其實是你——空調的**使用者**。

1992年劍橋大學人類學家格溫‧普林斯（Gwyn Prins）就用犀利文字寫下〈空調成癮者及冷舒適〉一文，刊登在全球建築能源領域最權威知名期刊*Energy and Buildings*中，抨擊空調過度使用的亂象。

「空調是**過度貪婪**的社會中不必要的奢華。」普林斯認為，空調令我們的身體**厭惡**炎熱。我們從溼熱的戶外進到乾冷的室內時，打了噴嚏，身上的汗水如同燃燒般從毛細孔掙脫，儘管我們感到有點刺痛卻仍享受這種冷冽的快感。而當我們再次走到戶外時，熱氣就像魔鬼般環抱著我們冷卻的身體，人們想盡辦法逃離。

「對冷氣的上癮，是現代美國最普遍且不被重視的**流行病**。」這是他對美國空調使用最嚴厲的批評。不過，即使把這句話套在任何空調普及率較高的國家，似乎也都適用。

又過了20年後，一位美國的植物育種學家史丹‧考克斯

（Stan Cox）在2012年寫了《失去的酷涼：關於空調世界令人不安的真相》（*Losing Our Cool: Uncomfortable Truths about Our Air-Conditioned World*）這本書，他用了整整250頁內容表達他對空調的負面看法。

「正因為我們使用空調，所以我們需要空調。」考克斯說，「空調只讓我們**暫時變冷**，卻讓世界**長久變熱**。」

考克斯認為，空調已成為人們生活的必需品，但絕非問題的最佳解決方案。「這就像是讓發燒的病人洗個冰水澡一樣，只緩解症狀但無視治療根本原因，摧毀了都市的實質環境與社會結構。」

面對氣候變遷及都市熱島，我們得找出長久涼爽的解方。唯有改變我們對空調的態度，明智地使用空調，才能讓全球的倡議、國家的政策得以真正落實。

4-5

行動
符合溫度正義的決策

電車難題與升溫難題：怎麼思考才正義

　　想像此刻你駕駛著一列煞車失靈的失速電車，即將撞上前方不遠的5個鐵路工人。千鈞一髮之際，你發現鐵軌有個往右分岔的支線，只有1個工人在工作，而且軌道轉轍器還正常。如果你選擇繼續直行，5個工人將被撞死；如果你選擇轉向右側，你會撞死1個人，但能救回5條性命。請問你會如何選擇？

　　這是著名的「電車難題」，是一個倫理與道德學的思想實驗。選擇撞1救5的人，是所謂的「**效益主義**」者，也就是尋求群體最大利益。而選擇撞死5位的人，是所謂的「**道德主**

義」者，認為要從行為的道德品質來考量個別利益。^{註1}

哈佛大學著名的政治哲學教授邁可‧桑德爾（Michael Sandel）在〈正義：一場思辨之旅〉的演講中，就是以這個故事開場，說明上述兩項正義的主張。另外，他也由羅爾斯（John Rawls）及諾齊克（Robert Nozick）觀點，論述了「**自由主義**」，強調正義應兼顧個人權利和選擇自由，及其私有財產的確保；並提出以「**社群主義**」來加強公共善（common good）的價值，強化社會責任，鼓勵公民參與。

註1：「效益主義」（Utilitarianism）又譯做功利主義，其雛型緣自於亞里斯多德認為「幸福乃人生之至善」，並由英國哲學家傑瑞米‧邊沁（Jeremy Bentham）提出，認為行為產生效益要最大化。而效益就是快樂，所以行為應該要讓最多人得到快樂、最少人承受痛苦，重視行為的結果，尋求群體利益。選擇撞1救5，能達到最高的效益，是功利主義的展現。

而「道德主義」（或康德義務主義）則衍生自德國哲學家康德，認為行為應考量各種類別的道德品質，有些行為本身就是錯誤的——即使能造成好的結果。救5個人結果雖然是好的，但司機調整方向，有意識地撞死1個原本不該被撞的人，就是錯誤。因此，選擇撞死5位合乎道德主義。

電車難題後來也衍生很多的變型版本：假如右側鐵軌的那一位是你的家人？主線工人數量從5人變成500人？更有趣的是胖子及胖壞蛋的版本，你的身分由司機變成橋上的旁觀者，身邊還有體型巨大的路人（或罪大惡極的死刑犯），你是否要推他下去卡住電車，就不會撞上那5個人？這些提問常讓人們在選擇時更加掙扎，還可能翻轉原先的決定！

電車難題沒有正確答案，提問目的是要引發人們思考：你心中的正義是什麼？會不會遺漏了其它的正義？

面對氣候變遷，我們也面對了「升溫難題」，在提出對策之前，不妨借重亞里斯多德、康德、盧梭、邊沁、羅爾斯、桑德爾及多位哲學家的智慧，應用他們主張或發展的四種正義──「效益主義」、「道德主義」、「自由主義」、「社群主義」，好好思考並檢視，我們該如何由正義的路徑來解決當前的升溫困境。

本書對溫度正義的探討進入最後尾聲，讓我們以台灣目前面臨的三項重要議題為例，運用這四項正義原則做為思考工具，深入探討在溫度正義框架下的政策取徑。

深化建築能效管制

目前台灣已訂定各類建築的能效標示系統，並有標章授予、等級評定、第三方查核等完整機制，若要依「效益主義」之精神，尋求建築能效最大效益，應從公有建築及私有建築兩方面進行。

公有建築因為是供公眾使用，且需做為全國建築節能表率，為了符合國發會設定在2030年達成「公有新建建築物達建築能效1級或近零碳建築」的目標，應強制要求建築能效

1至1+以上的標準，且管理對象要逐年擴大。目前中央政府對於建築能效多以樓地板面積大，使用人數多為優先管制對象，以辦公、金融、商場居多，住宅則優先於公宅應用，未來應全面管制，並提升合格標準。

而地方政府的公有建築物管制，除了依照中央擬定要求之外，也應該建立相關圖資並揭露城市中「高氣溫」、「高耗能」、「高碳排」的三高風險區，加強公有建築物能效的管制，保障脆弱族群免受高電費的衝擊，以合乎「道德主義」中對弱勢者的保護。同時，公有的新建與既存建築物都要同時並進，才能產生完整的效益。

相較於公有建築可用強制方式管理，私有建築面臨的挑戰更大，需與新建及既有建築分開討論。

最大宗的**新建私有建築**就是集合住宅大樓，獲利者為建設公司，若建設公司可以採納「社群主義」之共善觀點，在新建建築時主動申請建築物能效標示，承擔其社會責任，淨零之成效將會迅速推進。然而，土地開發及利用屬於建商的自由權益，所以無法強制管制，僅能儘量呼籲業者自主管制。同時，透過「自由主義」的市場機制，也有助於消費者優先選擇具有能效標示的建築物，掭高業者積極投入建築能效提升的意願。

目前建築物能效標示申請已納入金管會的「永續經濟活

動認定參考指引」中,取得標示的建商,銀行會提供其較高的土地及建築融資貨款額度、利率減碼等優惠。未來金管會也應依照建商達成的等級逐步調整,誘導其興建節能效率較好的建築,讓民眾購屋入住後能減少能源的消耗。

　　既存的私有建築是市場上占比最大的建築物。依國發會的淨零路徑,在2040年應有50%既有建築物更新為建築能效1級或近零碳建築,2050年應有超過85%建築物為近零碳建築。目前市場上仍有許多開窗過大、遮陽不足、空調系統不佳的老舊私有辦公及住宅大樓,急待改善。

　　由於建商在售出新建築後,所有權就移轉給住戶,因此管制或獎勵補助對象,應該要移轉至個別住戶。由於私有建築涉及人民財產,難以要求申請建築能效標示,所以建議既有建築在使用階段,可以透過公寓大樓管理委員會取得標示,以共同約束大樓共有部分的能源使用。

　　另外,也可在既有建築出售、出租時,要求進行資訊揭露,例如,房仲業在刊登租售屋廣告或進行不動產交易時,主動揭露建築能效標示,或購買達到特定等級能效的房子可換取更好的房貸利率為誘因。這是目前瑞典、德國、荷蘭等多數歐盟國家採用的方式,也符合「社群主義」的公民監督精神。

　　規劃設計與施工單位為了節能所做的額外付出及貢獻,

也應納入考量，才算是正義。建築師設計良好節能的建築外殼，空調技師規劃效率提升的設備系統，營造廠因應節能而選擇品質較好的材料及設備，均應反映在相關的費用之中，即比爾・蓋茲所提出的綠色溢價（Green Premium）——採用節能減碳方案額外付出的成本，將使他們的支出增加。

雖然「自由主義」主張市場經濟應能反映出這些建築能效、良好設計的價值，也認為可以透過提高設計酬金及工程經費來達到供需平衡，政府不宜介入。不過，當這個機制失靈，政府就需由「道德主義」觀點給予潛在受害者補助。例如提高設計費標準、補助能效申請及計算所產生的規費，或由公部門編列更多設計、施工、維護、改善、更新經費，都有助於做出更公平正義的決策。

推動都市降溫涼適

都市降溫最有效益的路徑即是前述的建築能效改善，不過，依照「效益主義」所追求的「讓最多人得到快樂、最少人承受痛苦」原則，那麼城市的舒適、健康、活力也應納入考量，這使得本章前三節所提的綠化、風廊、遮蔭成為重要的關鍵策略。

前述的降溫最大效益涉及兩個層次，可由危害—暴露—

脆弱度的關係思考（見1-3）。首先是純粹物理環境的高溫產生的危害，例如哪裡溫度最高、何時體感溫度最高？其次是考量社會經濟性暴露與脆弱度的高溫衝擊，例如高溫會造成哪些脆弱區、哪類族群、哪些工作的風險提高？

　　第一個層次是**高溫危害資訊**，城市應該定期揭露高溫、低風速、高體感溫度的熱危害地圖，就如同我們都能隨時查看全台的PM2.5濃度地圖一樣，讓民眾了解城市即時與長期的熱危害地圖。也可以透過公私協力的方式，與科研及環保單位合作進行監測與分析，實踐由「社群主義」衍生的公民科學，並公開資訊供所有人參考。

　　第二個層次是**高溫衝擊資訊**，城市應用上述的熱危害圖資，疊合所有可能的暴露人口（如人口數）、脆弱族群（如幼童、高齡者、行動不便者）、活動區域（如戶外工作區、營建工地、運動休閒）等資訊，以指認出可能的受害者及風險，與判斷後續各項政策推動的優先順序及經費配置的比例，也對應「道德主義」中對高風險者權益的保護。

　　接下來，則是提出都市的降溫策略。延續第一章提及，聚集於科學創新及行動變革，並透過正義實踐。

　　首先是**科學**，地方政府應透過上述的危害及衝擊圖資，告訴市民目前的高溫熱點在哪裡，高風險的族群是誰，並提出具體的降溫目標。值得留意的是，應同時考量氣候變遷

及都市熱島雙重壓力的增溫模式，提出合理的降溫或減碳目標，計算出合理的調適缺口，訂出各時段預計達成的里程碑，才會更加客觀且明確。

事實上，關於高溫的科學資訊，台灣已做好準備，即是《國家氣候變遷科學報告2024：現象、衝擊與調適》報告。它是依據《氣候變遷因應法》第18條法令授權，由中央主管機關（即環境部）與中央科技主管機關（即國科會）定期公開氣候變遷科學報告，並由這兩個中央部會輔導各級政府，進行氣候變遷風險評估，做為研擬、推動調適方案及策略之依據。各級政府於必要時得依據前項氣候變遷科學報告，規劃早期預警機制及監測系統。

其次是**行動**，城市應依據科學設定的目標，選擇一種或多種實踐路徑，綠化、風廊、遮蔭要如何啟動，是否有時間及空間的搭配，要在哪些法令上實踐，有哪些法令需要修正或新增，降溫及減碳的成果如何檢視，成本與效益如何評估等，這些都必須具有彈性，且能做滾動性的修正。

這些策略需依不同的空間尺度而有不同的對應：綠化應有全市型綠覆率提升、基地型綠化量的改善；通風需有全市型風廊的指認、基地通風率的規範；遮蔭先有城市遮蔭地圖的建構，再到騎樓與植栽的細部規範。這些皆可在前述中央政府的科學報告指引下，由地方政府依其氣候、地形、文

化、活動的實踐方案，且可透過地方自治精神給予適當的管制及獎勵，建立具有在地特色的降溫調適方案。

正義，則應在科學到行動之間交織貫穿。

政府部門應自問，這些科學資訊對民眾是否容易了解，並且可以透過數位平台下載？在實體的討論中，是否邀請到所有的利害關係人一起參與，而且這些人是否能自在地表達想法？在決策的過程中，有沒有遺落了哪些人的想法，有沒有人因此蒙受損失？達成共識之後，是否有追蹤管考的機制，能讓民眾的建議納入後續的政策及行動？

促進能源穩健轉型

COP28會議結束時，與會者做了一個明確的決議：要脫離化石燃料，且在2030年再生能源要增加3倍。[註2]

因此，透過再生能源將電力去碳化，是全世界各國邁向淨零排放的基礎，如同國際能源總署揭示的，能源轉型能貢

註2：2023年在阿拉伯聯合大公國舉辦的COP28會議，主席是賈比爾（Sultan Al Jaber），他也身兼「阿布達比國家石油公司」（ADNOC）的負責人，是個石油大亨，排碳大戶。雖然他因此飽受環保團體的評論，但最終發揮其整合協調的特長，做出讓200個國家無異議通過、世界自然基金會（WWF）也能接受的重要決議。決議中脫離化石燃料的原文為 "transitioning away from fossil fuels"。

獻建築物高達60%的減碳量,是建築節能技術所能達成的2倍。所以,透過能源轉型──特別是利用再生能源讓電力去碳化,幾乎已是當代在相同成本下最有效的工具。

台灣地小人稠,再生能源面臨最大的挑戰就是空間場域:要設在哪裡?

選擇再生能源的場域時,會以人口密度低(對人類活動的干擾少)、建築量體少(對氣候資源的干擾少)為優先考量。因此,在離岸海域設立風力發電場,陸域郊區設立太陽能發電場,往往成為最佳選項。

這些區域既然不是都市密集的區域,勢必將引發一些鄉村及郊區的問題。例如:風力發電機對鳥類遷徙的影響,以及對海底生態的干擾;光電板對聚落居住品質的影響,或對既有農漁業生產、鄉村活動的影響。

這時,若從正義來論述,不同的對象就會產生幾種不同的觀點。

若從「效益主義」來論述,要尋求群體最大利益,再生能源確實是最好的選項,即使有阻力也應儘量排除以便降低碳排放量,讓全球溫度降低。人們也許會主張,如果電力碳排持續增加,地球將持續升溫,最終人類文明及生態體系均隨之崩解,所以應該以地球的最大福祉為考量,我們得做些權衡、讓步,也許甚至得做一些犧牲,以達到這個目標。

　　這就像在電車難題中，選擇救出更多人的決定。

　　而從「道德主義」來論述，如果這個裝設再生能源的行為已造成特定人類、物種、土地的損失，即使最終能造成好的結果，也是一種錯誤。人們心中有一把尺，有些行為根本就不合乎倫理及道德，有意識地將原本自然的土地改做它用，就應受到更嚴格的檢視、評估、限制，必要時甚至應該停止執行。

　　這就像在電車難題中，選擇保全少數人的決定。

　　主張「自由主義」的人，認為土地的擁有者透過繼承或擁有這塊土地，在符合相關法令下，他有權利進行再生能源的開發，為自己帶來經濟收入。這是保護公民權利，支持市場經濟，透明政治體制。

　　若由「社群主義」出發，生態的環境，自然的景觀，都是同屬在地所有人的公共財，[註3] 所以再生能源的設置應與當地居民充分溝通，讓他們參與決策，來強化開發時所應付的社會責任，以達成共善的目標。

　　促進能源穩健轉型，我心中並沒有標準的答案，因為每塊土地的特性及價值都不同。不過，我認為有兩件事是必須要做的：

　　首先是資訊的收集與揭露。包含了自然科學的資訊，例如氣候、土壤、景觀、生物的資訊收集與監測；也包含了社

會科學的資訊，例如人口、產業、經濟、活動。綜合這些資訊，有助於引導規劃及設計，若是缺乏資訊，也必須進行適當的監測，並可開放查詢。

其次是規範的訂定與審議。目前國內仍然十分缺乏對於再生能源的設置容量、投影面積、隔離綠帶、單元間距、地表型態的規範，有必要依其土地特徵及規模建立基本的審議原則，針對規模較大且環境敏感的地區，亦有必要進行個案審議。

上述兩者其實對規劃設計者並不陌生：都市土地除了有土地使用管制（如容積率、建蔽率、退縮等）來規範開發強度，也有相關的審議機制（如都市設計審議）[註4] 來把關設計的品質。

最後是利害關係人的溝通。人們對於再生能源的恐懼往往來自他們缺乏容易理解的資訊，或是沒有機會表達及闡述

註3： 就像台東縣池上鄉伯朗大道上的那棵知名的茄苳，已成為在地人共同的資源，任何人（即使是樹的擁有者）都不能擅自改變而影響這條路的「風光」，因為這是農民、公所、業者共同經營的成果。

註4： 舉例來說，如果建築基地位於一個古蹟旁，建築的造型、顏色，甚至是天際線，都要經過委員會的審查、修改後才能興建。不過，即使在同一個都市中，也會因為建築基地位置不同，而有不同的審議標準及原則。再生能源所在的郊區常非屬都市用地，難以訂立一個客觀的標準，因此，就需要有充分的資訊來理解及判斷開發的原則。

個人的想法。透過持續的溝通及理解，相信最終能找出一條
適合的路徑。

啟程——溫度的公正轉型之路

溫度的不正義，出現在各種**空間**尺度，從單一空間、街
區、城市、國家，到全球；而溫度影響的**時間**，也橫跨了過
去、現在、未來；受溫度影響的對象，包含了個人、產業，
到政府。我們承擔的高溫風險，來自氣候危害、暴露程度、
脆弱傾向的交集。

正因為溫度的影響含括空間、時間、對象，伴隨著多種
高溫風險，當我們論述公平正義之時，必須全面觀照，也要
格外謹慎。

在城市，高溫的夏季我們開啟了空調，降低了室內溫
度，保全了老年人及幼童的健康。然而，戶外因此升溫，增
加了都市營建工人身體的熱負荷；用電排放了溫室氣體，讓
地球增溫。

在農地，高溫導致農作物減產，農民收入減少。農民因
應氣候改以溫室栽培，以人工環境控制，讓農作收穫增加，
人們需付出更多的金額購買食物，環境也承擔更多溫室氣體
排放。

為了供應都市人們消耗的能源，在郊區設置再生能源設施，減少電力的二氧化碳排放，都市人享受了更新鮮的居住環境空氣，郊區的人們卻得承擔該設施對天然景觀、經濟活動所造成的改變。

溫度的公正轉型之路，必定**不好走**。我們得誠實地面對，劇烈升溫是來自於人類活動排放的大量溫室氣體；我們得深刻地經歷，全球及身旁的環境變遷、經濟損失、生命消逝；我們也必須承認，習以為常的舒適生活，隱藏著人性無止境的期待與貪婪；更不用說，還有多少政策的缺口需要補強，多少困難的路徑亟待開拓。

這本書從溫度出發，以正義作結，或說是邁向下一段旅程的開端。我試著歸納這本書預期達到的目的，也許，可以由桑德爾在那場著名演講的第一堂課程末了，他告訴修課學生們的那段話來做總結。

「這堂課會閱讀很多本偉大且知名的書籍，並以當代政治、法律上的爭議，來爭辯公平或不公平。」他說，「目的是要透過我們已經知道的事，透過思辨的過程，帶你從原先熟悉且不抱懷疑的狀況中抽離，進到一個嶄新的環境，搞清楚目前面對的關鍵問題。」

「聽起來也許很有趣，但我得先警告各位，」他舉起手指著台下的學生，繼續說，「一旦你從新的角度觀察，**一切**

就再也不同了。就像失去純真，不論你覺得多麼不妥，知識將無法倒退，你沒辦法不去思考這些問題。」

希望這本書，能讓你正視溫度不公正的現實，勇敢走向改變之路。

結語

　　前幾年，我寫了兩本和溫度有關的書。第一本《都市的夏天為什麼愈來愈熱？》，以地球與城市為對象，討論高溫化的現象與成因，以及降溫的具體對策；第二本《跳出溫度舒適圈》，以人類與生活為對象，探索舒適性形成的脈絡，以及如何影響人們的決策。前者談溫度在空間的**供給**與分布，後者談人類對舒適的**需求**與適應。

　　在撰寫這兩本書的四、五年期間，我的生活也與溫度的供給與需求密切相關。我參與了中央及地方政府的政策研議，採用自然策略規劃設計，讓空間維持涼爽，並減少環境負荷；也透過演講、受訪和撰文，倡導人體對舒適性的彈性，調整及降低我們的需求，可以在兼顧品質的同時減少能

源消耗。

「把這些和溫度有關的事情寫下來吧」，是我一開始寫本書草稿的心情，當時還沒有什麼特別主題。不過，每個小節寫到最後，總是會指向一個問題：溫度的**供給與需求失衡**，產生了不公平。一些特定的區域、個人、族群、產業受到高溫化較嚴重的傷害，而當人們嘗試去調整或改變時，有些人享受了涼爽帶來的好處，有些人卻承受高溫帶來的危害。

在書寫及思索的過程中，公平、包容、自由、弱勢的字眼不斷在每篇故事中重複出現。平時常聽到土地正義、居住正義、程序正義、能源正義、氣候正義，那麼溫度也應該得到公道，**「溫度正義」**這個主軸便逐漸成型。

高齡者與幼童、易敏族群、經濟弱勢者、戶外勞工、醫護人員、老舊社區、農漁產業、高山海洋的溫度主題，隨著時間緩步展開。感謝許多專家學者包容我追問到底的習性，耐心解釋並提供了許多科學數據及重要觀點，讓我有機會透過本書與讀者分享這些跨領域的知識。

感謝共同撰寫《國家氣候變遷科學報告2024》的學者、執行研究計畫的夥伴、政府及產業部門的專業人士、教學及研究的同儕、大學期間的好友、研究室的同仁與學生，提供了許多資訊及建議，以溫度為名刻下這些共同努力的印記。

　　專業的編輯團隊是我寫作的堅強後盾。商周的靖卉和珮芳對主題的精確掌握，使內容充滿力量；亦芝將晦澀難懂的部分轉化為簡單流暢且溫暖的敘述；菁穗的細緻編排讓這本書在稍顯沉重的主題下，透出清盈明朗的光芒。

　　感謝太太包容，我每次進到客廳就要把窗簾、窗戶全部打開，讓陽光灑滿房間，害她在室內也得做防晒美白；小兒子也忍受我常以溫度正義為名，偷調高他房間的冷氣溫度，起床常是被熱醒的；還有大兒子在假日時，經常被我從冷氣房拉出去戶外活動，我總說，在氣候變遷的時代，如果你不適應高溫，就會被淘汰。

　　這些關於溫度的小事構成我生活不可缺少的部分，我背包上掛的溫度計也持續記錄，讓我可以用溫度來回想起和家人、朋友、同儕、學生的生活足跡。

引用文獻

第一章　全球變遷

1-1　新溫度時代來臨

1. WMO. (2023). State of the Global Climate 2023, WMO-No. 1347, World Meteorological Organization, Switzerland: Geneva.

2. Copernicus Climate Change Service (2024). March 2024 – 10th consecutive record warm month globally.

3. 林子平 (2024)。《2024台灣氣候變遷分析系列報告 —— 暖化趨勢下的台灣極端高溫與衝擊》。許晃雄主編，第4-1節：都市熱島，國科會。

4. Chelsea Harvey. (2022). 'Zoe' Becomes the World's First Named Heat Wave, *Scientific American*.

5. Adrienne Arsht-Rockefeller Foundation Resilience Center. (2024). RESILIENCE IN ACTION: Chief Heat Officers. United States, Washington.

6. Elian Peltier. (2023). She Is Africa's First Heat Officer. Can She Make Her City Livable, *The New York Times*.

1-2　科學創新：讓溫度能夠被合理預估

1. 國家科學委員會 (2024)。《國家氣候變遷科學報告2024：現象、衝擊與調適》。

2. 許晃雄 (2021)。《IPCC AR6第一工作小組報告揭露的氣候危機》。中央研究院。

3. Lee, M. A., Huang, W. P., Shen, Y. L., Weng, J. S., Semedi, B., Wang, Y. C., & Chan, J. W. (2021). Long-Term Observations of Interannual and Decadal Variation of Sea Surface Temperature in the Taiwan Strait. *Journal of Marine*

Science and Technology, 29(4), 7.

4. IPCC (2021). Climate Change 2021: The Physical Science Basis. Contribution of Working Group I to the Sixth Assessment Report of the Intergovernmental Panel on Climate Change. Cambridge University Press, Cambridge, UK.

5. IPCC (2022). Climate Change 2022: Impacts, Adaptation, and Vulnerability. Contribution of Working Group II to the Sixth Assessment Report of the Intergovernmental Panel on Climate Change. Cambridge University Press, Cambridge, UK.

6. IPCC (2022). Climate Change 2022: Mitigation of Climate Change. Contribution of Working Group III to the Sixth Assessment Report of the Intergovernmental Panel on Climate Change. Cambridge University Press, Cambridge, UK.

7. 林子平 (2024)。《2024台灣氣候變遷分析系列報告 —— 暖化趨勢下的台灣極端高溫與衝擊》。許晃雄主編,第4-1節:都市熱島,國科會。

1-3　行動變革:從減碳到降溫

1. Lottie Limb (2023). Madrid, Frankfurt, Vienna: How are European cities adapting to heatwaves? https://euronews.com

2. Jeremy Wilks (2020). Frankfurt's green rooftops and urban airways aim to keep the city cool. https://euronews.com

3. Cool Cities 40 (2024). https://www.c40.org/

4. Jane Gilbert (2024). Miami's chief heat officer knows the challenges of a climate-focused job in Florida. Speech at Aspen Ideas: Climate.

1-4　正義實踐:讓弱勢者免受高溫威脅

1. Ness, N.(2018). Charm City, Big Mouth Productions.

2. Grove, M., Ogden, L., Pickett, S., Boone, C., Buckley, G., Locke, D. H., ... & Hall, B. (2018). The legacy effect: Understanding how segregation and environmental injustice unfold over time in Baltimore. *Annals of the*

American Association of Geographers, 108(2), 524-537.

3. Rebecca Lindsey (2018). Detailed maps of urban heat island effects in Washington, DC, and Baltimore, https://www.climate.gov

4. Brady Phillips (2018). Heat-seeking citizen scientists zero-in on D.C., Baltimore for mapping mission. https://www.noaa.gov

5. Huang, G., & Cadenasso, M. L. (2016). People, landscape, and urban heat island: dynamics among neighborhood social conditions, land cover and surface temperatures. *Landscape Ecology,* 31, 2507-2515.

6. Hsu, A., Sheriff, G., Chakraborty, T., & Manya, D. (2021). Disproportionate exposure to urban heat island intensity across major US cities. *Nature Communications,* 12(1), 1-11.

7. Drew Costley (2021). People of color more exposed to heat islands, study finds. Associated Press News. Retrieved from https://apnews.com

8. Jesdale, B. M., Morello-Frosch, R., & Cushing, L. (2013). The racial/ethnic distribution of heat risk–related land cover in relation to residential segregation. *Environmental Health Perspectives*, 121(7), 811-817.

9. Mashhoodi, B. (2021). Environmental justice and surface temperature: Income, ethnic, gender, and age inequalities. *Sustainable Cities and Society*, 68, 102810.

10. Jenkins, K., McCauley, D., Heffron, R., Stephan, H., & Rehner, R. (2016). Energy justice: A conceptual review. *Energy Research & Social Science*, 11, 174-182.

11. Heffron, R. J., & McCauley, D. (2017). The concept of energy justice across the disciplines. *Energy Policy,* 105, 658-667.

第二章　個人調適

2-1　生理差異：老年人、幼童、慢性病患都是高溫脆弱族群

1. Ballester, J., Quijal-Zamorano, M., Méndez Turrubiates, R. F., Pegenaute, F., Herrmann, F. R., Robine, J. M., ... & Achebak, H. (2023). Heat-related mortality in Europe during the summer of 2022. *Nature Medicine*, 29(7), 1857-1866.

2. Natsume, K., Ogawa, T., Sugenoya, J., Ohnishi, N., & Imai, K. (1992). Preferred ambient temperature for old and young men in summer and winter. *International Journal of Biometeorology*, 36, 1-4.

3. Dufour, A., & Candas, V. (2007). Ageing and thermal responses during passive heat exposure: sweating and sensory aspects. *European Journal of Applied Physiology*, 100(1), 19-26.

4. Inoue, Y., Kuwahara, T., & Araki, T. (2004). Maturation and aging-related changes in heat loss effector function. *Journal of Physiological Anthropology and Applied Human Science*, 23(6), 289-294.

5. Sagawa, S., Shiraki, K., Yousef, M. K., & Miki, K. (1988). Sweating and cardiovascular responses of aged men to heat exposure. *Journal of Gerontology*, 43(1), M1-M8.

6. Millyard, A., Layden, J. D., Pyne, D. B., Edwards, A. M., & Bloxham, S. R. (2020). Impairments to thermoregulation in the elderly during heat exposure events. *Gerontology and Geriatric Medicine*, 6, 2333721420932432.

7. Sato, M., Kanikowska, D., Sugenoya, J., Inukai, Y., Shimizu, Y., Nishimura, N., & Iwase, S. (2011). Effects of aging on thermoregulatory responses and hormonal changes in humans during the four seasons in Japan. *International Journal of Biometeorology*, 55, 229-234.

8. Han, A., Deng, S., Yu, J., Zhang, Y., Jalaludin, B., & Huang, C. (2023). Asthma triggered by extreme temperatures: from epidemiological evidence to biological plausibility. *Environmental Research*, 216, 114489.

9. Li, D., Zhang, Y., Li, X., Zhang, K., Lu, Y., & Brown, R. (2023). Climatic and meteorological exposure and mental and behavioral health: A systematic review and meta-analysis. *Science of The Total Environment*, 164435.

10. Sasai, F., Roncal-Jimenez, C., Rogers, K., Sato, Y., Brown, J. M., Glaser, J., ... & Johnson, R. J. (2023). Climate change and nephrology. *Nephrology Dialysis Transplantation*, 38(1), 41-48.

11. Public Health England, UK (2013). Heatwave Plan for England 2013 - Protecting health and reducing harm from severe heat and heatwaves.

12. National Institute for Public Health and the Environment, Netherlands (2015 a). The National Heatwave Plan - Vulnerable groups.

13. National Institute for Public Health and the Environment, Netherlands (2015 b). The National Heatwave Plan - How does the National Heatwave Plan work?

14. Federal Ministry for the Environment, Germany (2017). Recommendations for Action Heat Action Plans to protect human health, Germany.

15. 衛生福利部。《因應氣候變遷之健康衝擊政策白皮書》。2014年12月初版。

16. 衛生福利部。《因應氣候變遷之健康衝擊政策白皮書》。2018年5月二版。

2-2 工作型態：戶外及室內都可能深受其害

1. Masuda, Y. J., Parsons, L. A., Spector, J. T., Battisti, D. S., Castro, B., Erbaugh, J. T., ... & Zeppetello, L. R. V. (2024). Impacts of warming on outdoor worker well-being in the tropics and adaptation options. One Earth.

2. Amoadu, M., Ansah, E. W., Sarfo, J. O., & Hormenu, T. (2023). Impact of Climate Change and Heat Stress on Workers' Health and Productivity: A Scoping Review. *The Journal of Climate Change and Health*, 100249.

3. Dutta, P., Chorsiya, V., & Nag, P. K. (2021). Perceived thermal response of stone quarry workers in hot environment. *Frontiers in Sustainable Cities*, 3, 640426.

4. Foster, J., Smallcombe, J. W., Hodder, S., Jay, O., Flouris, A. D., Nybo, L., & Havenith, G. (2021). An advanced empirical model for quantifying the impact of heat and climate change on human physical work capacity. *International*

Journal of Biometeorology, 65, 1215-1229.

5. Foster, J., Smallcombe, J. W., Hodder, S., Jay, O., Flouris, A. D., Nybo, L., & Havenith, G. (2022). Quantifying the impact of heat on human physical work capacity; part III: the impact of solar radiation varies with air temperature, humidity, and clothing coverage. *International Journal of Biometeorology*, 1-14.

6. Day, E., Fankhauser, S., Kingsmill, N., Costa, H., & Mavrogianni, A. (2019). Upholding labour productivity under climate change: an assessment of adaptation options. *Climate Policy,* 19(3), 367-385.

7. Chang, C. J., Chi, C. Y., & Yang, H. Y. (2024). Heat exposure and chronic kidney disease: a temporal link in a Taiwanese agricultural county. *International Journal of Environmental Health Research*, 34(3), 1511-1524.

8. Yang, H. Y., Chou, H. L., Leow, C. H. W., Kao, C. C., Daniel, D., Jaladara, V., ... & Lee, J. K. W. (2024). Poor personal protective equipment practices were associated with heat-related symptoms among Asian healthcare workers: a large-scale multi-national questionnaire survey. *BMC Nursing,* 23(1), 145.

9. Chang, T. H., Lin, C. Y., Lee, J. K. W., Chang, J. C. J., Chen, W. C., & Yang, H. Y. (2022). Mobile COVID-19 Screening Units: Heat Stress and Kidney Function Among Health Care Workers. *American Journal of Kidney Diseases*, 80(3), 426-428.

10. Yang, J., Zhang, X., Koh, J. J., Deng, R., Kumarasamy, S., Xu, Y. X., ... & Tan, S. C. (2022). Reversible hydration composite films for evaporative perspiration control and heat stress management. *Small*, 18(14), 2107636.

2-3　生活調適：應對溫度變化靠它最好

1. ASHRAE (2020). Standard 55–2020 thermal environmental conditions for human occupancy. ASHRAE : Atlanta, GA, USA.

2. Wang, L., Kim, J., Xiong, J., & Yin, H. (2019). Optimal clothing insulation in naturally ventilated buildings. *Building and Environment*, 154, 200-210.

3. Tim Neumann (2022). Auswirkungen der Gaskrise, Eiszeit im Parlament, https://www.spiegel.de/

2-4　過去經驗：溫度在你身體留下了記憶

1. Brager, G. S., & De Dear, R. J. (1998). Thermal adaptation in the built environment: a literature review. *Energy and Buildings*, 27(1), 83-96.

2. Jowkar, M., de Dear, R., & Brusey, J. (2020). Influence of long-term thermal history on thermal comfort and preference. Energy and Buildings, 210, 109685.

3. Nikolopoulou, M., & Lykoudis, S. (2006). Thermal comfort in outdoor urban spaces: analysis across different European countries. *Building and Environment*, 41(11), 1455-1470.

4. Vargas, G. A., & Stevenson, F. (2014). Thermal memory and transition in lobby spaces. *Energy Procedia*, 62, 502-511.

5. Chun, C., Kwok, A., Mitamura, T., Miwa, N., & Tamura, A. (2008). Thermal diary: Connecting temperature history to indoor comfort. *Building and Environment*, 43(5), 877-885.

6. Lin, T. P., & Matzarakis, A. (2008). Tourism climate and thermal comfort in Sun Moon Lake, Taiwan. *International Journal of Biometeorology*, 52, 281-290.

7. Lin, T. P. (2009). Thermal perception, adaptation and attendance in a public square in hot and humid regions. *Building and Environment*, 44(10), 2017-2026.

8. Lin, T. P., Yang, S. R., & Matzarakis, A. (2015). Customized rating assessment of climate suitability (CRACS): climate satisfaction evaluation based on subjective perception. *International Journal of Biometeorology*, 59, 1825-1837.

9. ASHRAE (2020). Standard 55–2020 thermal environmental conditions for human occupancy. ASHRAE : Atlanta, GA, USA.

10. CEN (2007). EN 15251: Indoor Environmental Input Parameters for Design and Assessment of Energy Performance of Buildings Addressing Indoor Air Quality, Thermal Environment, Lighting and Acoustics, European Committee for Standardization, Brussels, Belgium.

2-5　控制期待：做溫度的主人

1. Busch, J. F. (1990). Thermal responses to the Thai office environment. ASHRAE Trans 96(1):859-872.

2. Rijal, H. B., Humphreys, M. A., & Nicol, J. F. (2019). Adaptive model and the adaptive mechanisms for thermal comfort in Japanese dwellings. *Energy and Buildings*, 202, 109371.

3. Hwang, R. L., Lin, T. P., & Kuo, N. J. (2006). Field experiments on thermal comfort in campus classrooms in Taiwan. *Energy and Buildings*, 38(1), 53-62.

4. Takii, A., Iba, C., & Hokoi, S. (2023). Analysis of temperature preference of guests from various countries/regions during summer and winter in a budget hotel in Kyoto, Japan. *Building and Environment*, 232, 110052.

5. Emmanuel, R. (2018). Performance standard for tropical outdoors: A critique of current impasse and a proposal for way forward. *Urban Climate*, 23, 250-259.

6. Giridharan, R., & Emmanuel, R. (2018). The impact of urban compactness, comfort strategies and energy consumption on tropical urban heat island intensity: A review. *Sustainable Cities and Society*, 40, 677-687.

7. 林子平 (2023)。〈極地馴鹿遷徙：人類對溫度控制的反思〉。《在生命的海洋，踏浪前行》。王靖婷、梁杏絹、馮曉馨、陳祐禎編，新學林出版。

8. De Dear, R. (2011). Revisiting an old hypothesis of human thermal perception: alliesthesia. *Building Research & Information*, 39(2), 108-117.

9. Parkinson, T., & De Dear, R. (2015). Thermal pleasure in built environments: physiology of alliesthesia. *Building Research & Information*, 43(3), 288-301.

10. Karjalainen, S. (2009). Thermal comfort and use of thermostats in Finnish

homes and offices. *Building and Environment*, 44(6), 1237-1245.

11. Li, D., Menassa, C. C., & Kamat, V. R. (2017). Personalized human comfort in indoor building environments under diverse conditioning modes. *Building and Environment,* 126, 304-317.

第三章　產業衝擊

3-1　餐飲：美食就該佐以適溫

1. Wargocki, P., & Wyon, D. P. (2007). The effects of moderately raised classroom temperatures and classroom ventilation rate on the performance of schoolwork by children (RP-1257). *Hvac&R Research*, 13(2), 193-220.

2. Kobayashi, M., & Kobayashi, M. (2006). The relationship between obesity and seasonal variation in body weight among elementary school children in Tokyo. *Economics & Human Biology*, 4(2), 253-261.

3. Gutierrez, L., & Williams, E. (2016). Co-alignment of comfort and energy saving objectives for US office buildings and restaurants. *Sustainable Cities and Society,* 27, 32-41.

3-2　運輸：印度嘟嘟車與低溫車廂

1. Lin, T. P., Hwang, R. L., Huang, K. T., Sun, C. Y., & Huang, Y. C. (2010). Passenger thermal perceptions, thermal comfort requirements, and adaptations in short-and long-haul vehicles. *International Journal of Biometeorology*, 54, 221-230.

3-3　營建：戶外工作者的高溫煎熬

1. U.S. Department of Labor, 2022, *Remembering Tim: A life lost to heat illness at work*.

2. Katie Pyzyk, 2022, As OSHA works on new heat-related standard, contractors deal with excessively hot weather. https://www.constructiondive. com

3. 陳振菶 (2019)。〈高氣溫戶外作業職業衛生危害預防〉。108年度加強夏季戶外作業高氣溫危害預防宣導會。

4. OSHA (2021). Heat Injury and Illness Prevention in Outdoor and Indoor Work Settings Rulemaking. Occupational Safety and Health Administration, U.S. Department of Labor. https://www.osha.gov/heat-exposure/rulemaking

5. OSHA (2023). Heat Injury and Illness Prevention in Outdoor and Indoor Work Settings SBREFA, Occupational Safety and Health Administration, U.S. Department of Labor. https://www.osha.gov/heat/sbrefa

6. Jamie Goldberg (2022). Two Oregon businesses whose workers died during heat wave fight state fines. The Oregonian/OregonLive. https://www.oregonlive.com/

7. 陳振菶 (2023)。〈氣候變遷對職場安全衛生之挑戰——談戶外高氣溫危害預防〉。《台灣勞工季刊》，第73期，35-45頁。

8. 陳振菶 (2013)。〈第十二章 高溫〉。《職業衛生——危害認知》。蔡朋枝主編，中國醫藥大學出版。

9. 勞動部職業安全衛生署 (2013)。《數位手冊：營造業高氣溫戶外作業熱危害預防手冊》，勞動部。

3-4　農業：從產地到餐桌的調適之路

1. 陳榮五 (1970)。〈綠蘆筍嫩莖生長現象之研究〉。《行政院農業委員會臺南區農業改良場研究彙報》，第三期，pp.17-20。

2. 謝明憲、郭明池、張為斌、趙秀�涝、林經偉 (2019)。〈設施蘆筍栽培管理技術〉。《台南區農業改良場技術專刊》108-2，NO.172，pp.3-47。

3. 姚銘輝、徐永衡、劉雨蓁、李怡菶 (2023)。〈農業領域作物衝擊評估與茶產業乾旱調適方法研究〉。《台灣氣候變遷推估資訊與調適知識平台計畫——農業領域111年期中報告》。國科會。

4. 張素貞、賴巧娟 (2020)。〈稻作生產氣象因子風險評估〉。《苗栗區農業專訊》，第89期。

5. 許龍欣、陳榮坤（2022）。〈高溫對稻米白堊質的影響及因應對策〉。《臺南區農業專訊》，第119期。

6. 羅正宗、陳榮坤、張素貞（2008）。〈苗栗地區水稻生育積溫度數與生育時期之關係〉。《苗栗區農業專訊》，第42期。

7. 廖長興（2022）。https://www.sumusen.com.tw/茶葉提早開面大不妙/

8. 陳儷方（2022）。〈阿里山茶區雲霧繚繞不再？暖化恐致雲霧帶上移 高山茶風土元素受衝擊〉。農傳媒。https://www.agriharvest.tw/archives/93081

9. 張子午（2022）。〈茶農與學者的因應行動在雲霧中尋找未來——氣候暖化下，阿里山高山茶的存續問題〉。報導者。https://www.twreporter.org

3-5　漁業：海洋升溫，野生烏魚子產量堪憂

1. 張致銜、黃建智、賴繼昌、黃星翰、翁進興（2021）。〈台灣沿近海烏魚漁業資源變動現況〉。《水試專訊》，73期。

2. 農業部漁業署（2023）。100年–111年烏魚捕撈量統計表。

3. Lee, M. A., Huang, W. P., Shen, Y. L., Weng, J. S., Semedi, B., Wang, Y. C., & Chan, J. W. (2021). Long-term observations of interannual and decadal variation of sea surface temperature in the Taiwan Strait. *Journal of Marine Science and Technology*, 29(4), 7.

4. 農業部（2017）。〈專訪李明安教授——漁業面對氣候變遷的挑戰〉。農業部虛擬博物館。https://www.youtube.com/watch?v=-d_BsV71mxQ

5. 陳淑美（1993）。〈烏魚潮：一百廿萬尾的驚喜！〉。《台灣光華雜誌》。

6. 陳儷方（2021）。〈洄游烏魚要來了嗎？水試所利用海溫推估首波漁汛時間點〉。農傳媒。https://www.agriharvest.tw/archives/71226

7. 朱冠諭（2019）。〈台灣烏魚產量創新低，學者發現「這件事」是關鍵原因〉。風傳媒。https://www.storm.mg/article/1927237

8. 林吉洋（2023）。〈「烏金」為何變少了？野生烏魚子比較好吃？本地烏又是哪位？解開西海岸海烏之謎〉。上下游新聞。https://www.newsmarket.com.tw

9. Lee, M. A., Mondal, S., Teng, S. Y., Nguyen, M. L., Lin, P., Wu, J. H., & Mondal, B. K. (2023). Fishery-based adaption to climate change: the case of migratory species flathead grey mullet (Mugil cephalus L.) in Taiwan Strait, Northwestern Pacific. PeerJ, 11, e15788.

第四章 政策實踐

4-1 綠化：促進社會公平性的最佳降溫解方

1. Bowler, D. E., Buyung-Ali, L., Knight, T. M., & Pullin, A. S. (2010). Urban greening to cool towns and cities: A systematic review of the empirical evidence. *Landscape and Urban Planning*, 97(3), 147-155.

2. Cordeiro, A., Ornelas, A., & Lameiras, J. M. (2023). The Thermal Regulator Role of Urban Green Spaces: The Case of Coimbra (Portugal). *Forests*, 14(12), 2351.

3. Barradas, V. L. (1991). Air temperature and humidity and human comfort index of some city parks of Mexico City. *International Journal of Biometeorology*, 35, 24-28.

4. Yu, C., & Wong, N. H. (2006). Thermal benefits of city parks. *Energy and buildings*, 38(2), 105-120.

5. Upmanis, H., Eliasson, I., & Lindqvist, S. (1998). The influence of green areas on nocturnal temperatures in a high latitude city (Göteborg, Sweden). *International Journal of Climatology: A Journal of The Royal Meteorological Society*, 18(6), 681-700.

6. Alchapar, N. L., Pezzuto, C. C., Correa, E. N., & Chebel Labaki, L. (2017). The impact of different cooling strategies on urban air temperatures: the cases of Campinas, Brazil and Mendoza, Argentina. *Theoretical and Applied Climatology*, 130, 35-50.

7. Vegetation in the urban environment: microclimatic analysis and benefits. *Energy and Buildings*, 35(1), 69-76.

8. Skelhorn, C., Lindley, S., & Levermore, G. (2014). The impact of vegetation types on air and surface temperatures in a temperate city: A fine scale assessment in Manchester, UK. *Landscape and Urban Planning*, 121, 129-140.

9. Akbari, H. (2009). *Cooling Our Communities. A Guidebook on Tree Planting and Light-Colored Surfacing*.

10. 岑宛姍 (2018)。《綠地對周圍環境降溫效果之現地量測與分析》。國立成功大學建築學系碩士論文。

11. Lau, T. K., & Lin, T. P. (2024). Investigating the relationship between air temperature and the intensity of urban development using on-site measurement, satellite imagery and machine learning. *Sustainable Cities and Society*, 100, 104982.

12. Wang, S. Y., Ou, H. Y., Chen, P. C., & Lin, T. P. (2024). Implementing policies to mitigate urban heat islands: Analyzing urban development factors with an innovative machine learning approach. *Urban Climate*, 55, 101868.

13. 李岳蓉 (2024)。《都市綠化之可及性評估及熱輻射降溫模式探討》。國立成功大學建築學系碩士論文。

14. Mitchell, R., & Popham, F. (2008). Effect of exposure to natural environment on health inequalities: an observational population study. *The Lancet*, 372(9650), 1655-1660.

15. Wilker, E. H., Wu, C. D., McNeely, E., Mostofsky, E., Spengler, J., Wellenius, G. A., & Mittleman, M. A. (2014). Green space and mortality following ischemic stroke. *Environmental Research*, 133, 42-48.

16. Asri, A. K., Lee, H. Y., Wu, C. D., & Spengler, J. D. (2022). How does the presence of greenspace related to physical health issues in Indonesia?. *Urban Forestry & Urban Greening*, 74, 127667.

17. Asri, A. K., Yeh, C. H., Chang, H. T., Lee, H. Y., Lung, S. C. C., Spengler, J. D., & Wu, C. D. (2023). Greenspace related to bipolar disorder in Taiwan: Quantitative benefits of saving DALY loss and increasing income. *Health & Place*, 83, 103097.

18. Haaland, C., & van Den Bosch, C. K. (2015). Challenges and strategies for urban green-space planning in cities undergoing densification: *A review. Urban Forestry & Urban Greening*, 14(4), 760-771.

19. Richards, D. R., Passy, P., & Oh, R. R. (2017). Impacts of population density and wealth on the quantity and structure of urban green space in tropical Southeast Asia. *Landscape and Urban Planning*, 157, 553-560.

20. Tan, P. Y., Wang, J., & Sia, A. (2013). Perspectives on five decades of the urban greening of Singapore. *Cities*, 32, 24-32.

4-2 風廊：氣候正義的歷史刻痕

1. 洪致文（2010）。〈風在城市街道紋理中的歷史刻痕——二戰時期台北簡易飛行場的選址與空間演變〉。《地理學報》，第五十九期。

2. Alcoforado, M. J., Andrade, H., Lopes, A., & Vasconcelos, J. (2009). Application of climatic guidelines to urban planning: The example of Lisbon (Portugal). *Landscape and Urban Planning*, 90(1-2), 56-65.

3. Matzarakis, A., & Mayer, H. (1992). Mapping of urban air paths for planning in Munich. Wiss. Ber. Inst. Meteor. Klimaforsch. Univ. *Karlsruhe*, 16, 13-22.

4. VDI. (2015). VDI-Guideline 3787, Part 1, Environmental Meteorology-Climate and Air Pollution Maps for Cities and Regions. VDI, Beuth Verlag: Berlin.

5. Helbig, A., Baumüller, J., & Kerschgens, M. J. (Eds.). (1999). *Stadtklima und Luftreinhaltung*. Springer-Verlag.

6. 林子平，蔡沛淇，歐星妤，張洲滄（2023）。〈熱島效應緩解策略之風廊系統的指認與應用〉。《土木水利》，50(1)：24-29。

7. 林子平、歐星妤、王柳臻、陳秉鈞、蔡沛淇、魏育瑛、王禹方（2023）。《永續城鄉宜居環境 —— 台中都市熱島效應空間策略計畫》。台中市政府。

8. 林子平、趙立衡、林子安（2023）。「台北市開發基地降溫指標及都市設計準則」專業服務委託案，台北市政府。

9. 林子平、趙立衡、林子安 (2022)。《台北市戶外熱環境特徵調查及熱舒適提昇計畫》，台北市政府。

10. 蔡沛淇 (2023)。《基於都市風環境永續發展之風廊系統構建與應用》。國立成功大學建築學系碩士論文。

11. 趙立衡 (2023)。《改善都市通風之建築量體型態策略研究》。國立成功大學建築學系碩士論文。

12. 王柳臻 (2023)。《高解析氣候歷史重建資料於都市規劃及建築設計之應用》。國立成功大學建築學系碩士論文。

13. 台灣氣候變遷推估資訊與調適知識平台計畫 (2023)。國科會台灣氣候變遷推估資訊與調適知識平台網站。

14. 林秉毅、鄭兆尊、陳永明、簡毓瑭 (2020)。《40年高解析度台灣歷史氣候資料》。國家災害防救科技中心出版。

15. 陳怡伶，王柳臻，林子平 (2023)。〈高解析歷史氣候資料於都市風廊系統建構之應用——以嘉義市為例〉。第10屆全國風工程研討會，台南。

4-3　遮蔭：給市民一條不間斷的舒適廊道

1. 魏育瑛 (2024)。《喬木遮蔭程度對人體熱舒適的影響及建立應用評估工具》。國立成功大學建築學系碩士論文。

2. 林子安 (2024)。《基地遮蔭策略下的簡易熱輻射降溫評估模式建構》。國立成功大學建築學系碩士論文。

3. Ou, H. Y., & Lin, T. P. (2023). Effects of orientation and dimensions of shading structures on thermal comfort. *Building and Environment*, 243, 110715.

4. Kim, S. W., & Brown, R. D. (2022). Pedestrians' behavior based on outdoor thermal comfort and micro-scale thermal environments, Austin, TX. *Science of the Total Environment*, 808, 152143.

5. Li, R., Chester, M. V., Middel, A., Vanos, J. K., Hernandez-Cortes, D., Buo, I., & Hondula, D. M. (2023). Effectiveness of travel behavior and infrastructure change to mitigate heat exposure. *Frontiers in Sustainable Cities*, 5.

6. Levine, R. V., & Norenzayan, A. (1999). The pace of life in 31 countries. *Journal of Cross-Cultural Psychology*, 30(2), 178-205.

7. Melnikov, V. R., Krzhizhanovskaya, V. V., Lees, M. H., & Sloot, P. M. (2020). The impact of pace of life on pedestrian heat stress: A computational modelling approach. *Environmental Research*, 186, 109397.

8. Melnikov, V. R., Christopoulos, G. I., Krzhizhanovskaya, V. V., Lees, M. H., & Sloot, P. M. (2022). Behavioural thermal regulation explains pedestrian path choices in hot urban environments. *Scientific Reports*, 12(1), 2441.

4-4 節能：減少空調排熱，讓都市降溫

1. Ohashi, Y., Genchi, Y., Kondo, H., Kikegawa, Y., Yoshikado, H., & Hirano, Y. (2007). Influence of air-conditioning waste heat on air temperature in Tokyo during summer: Numerical experiments using an urban canopy model coupled with a building energy model. *Journal of Applied Meteorology and Climatology*, 46(1), 66-81.

2. Salamanca, F., Georgescu, M., Mahalov, A., Moustaoui, M., & Wang, M. (2014). Anthropogenic heating of the urban environment due to air conditioning. *Journal of Geophysical Research: Atmospheres*, 119(10), 5949-5965.

3. Hsieh, C. M., Aramaki, T., & Hanaki, K. (2007). The feedback of heat rejection to air conditioning load during the nighttime in subtropical climate. *Energy and Buildings*, 39(11), 1175-1182.

4. 林奉怡 (2019)。《建構都市規模下的微氣候、住宅能源需求及熱風險空間分布地圖的開發研究》。國立成功大學建築學系博士論文。

5. International Energy Agency. (2021). *Tracking Clean Energy Progress 2021*. IEA Publications.

6. 比爾・蓋茲著 (2021)。《如何避免氣候災難：結合科技與商業的奇蹟，全面啟動淨零碳新經濟》。台北：天下雜誌。

7. 經濟部能源局 (2020)。《家庭節約能源寶典2020》，頁6。

8. 林憲德、林子平、蔡耀賢等 (2023)。《綠建築評估手冊》。內政部建築研

究所。

9. Hwang, R. L., Lin, C. Y., & Huang, K. T. (2017). Spatial and temporal analysis of urban heat island and global warming on residential thermal comfort and cooling energy in Taiwan. *Energy and Buildings*, 152, 804-812.

10. 陳潔榆 (2023)。《以高解析度氣候資訊預估建築能源利用》。國立成功大學建築學系碩士論文。

11. Huang, K. T., & Li, Y. J. (2017). Impact of street canyon typology on building's peak cooling energy demand: A parametric analysis using orthogonal experiment. *Energy and Buildings*, 154, 448-464.

12. Prins, G. (1992). On condis and coolth. *Energy and Buildings*, 18(3-4), 251-258.

13. Cox, S. (2010). *Losing Our Cool: Uncomfortable Truths About Our Air-Conditioned World (and Finding New Ways to Get Through the Summer)*. The New Press.

4-5 行動：符合溫度正義的決策

1. 邁可・桑德爾 (2008)。《正義：一場思辨之旅》，先覺出版。

國家圖書館出版品預行編目(CIP)資料

溫度的正義：全球沸騰時代該如何消弭升溫
　所造成的各種不公？／林子平著 -- 初版 --
　臺北市：商周出版：英屬蓋曼群島商家庭
　傳媒股份有限公司城邦分公司發行，
　2024.06
　256 面；14.8*21 公分 --（科學新視野；193）
　ISBN 978-626-390-122-3（平裝）

　1.CST：全球氣候變遷 2.CST：地球暖化
　3.CST：永續發展

328.8018　　　　　　　　　　　113005056

科學新視野 193

溫度的正義：

全球沸騰時代該如何消弭升溫所造成的各種不公？

作　　　者／林子平
文 字 編 輯／蕭亦芝
企 劃 選 書／羅珮芳
責 任 編 輯／羅珮芳

版　　　權／吳亭儀、江欣瑜
行 銷 業 務／周佑潔、林詩富、賴玉嵐、吳淑華
總　編　輯／黃靖卉
總　經　理／彭之琬
第一事業群總經理／黃淑貞
發　行　人／何飛鵬
法 律 顧 問／元禾法律事務所 王子文律師
出　　　版／商周出版
　　　　　　115 台北市南港區昆陽街 16 號 4 樓
　　　　　　電話：(02) 25007008　傳真：(02)25007759
　　　　　　E-mail：bwp.service@cite.com.tw
發　　　行／英屬蓋曼群島商家庭傳媒股份有限公司城邦分公司
　　　　　　115 台北市南港區昆陽街 16 號 8 樓
　　　　　　書虫客服服務專線：02-25007718；25007719
　　　　　　服務時間：週一至週五上午 09:30-12:00；下午 13:30-17:00
　　　　　　24 小時傳真專線：(02) 25001990；(02) 25001991
　　　　　　劃撥帳號：19863813；戶名：書虫股份有限公司
　　　　　　讀者服務信箱：service@readingclub.com.tw
　　　　　　城邦讀書花園：www.cite.com.tw
香港發行所／城邦（香港）出版集團
　　　　　　香港九龍土瓜灣土瓜灣道 86 號順聯工業大廈 6 樓 A 室
　　　　　　E-mail：hkcite@biznetvigator.com
　　　　　　電話：(852) 25086231　傳真：(852) 25789337
馬新發行所／城邦（馬新）出版集團【Cite (M) Sdn Bhd】
　　　　　　41, Jalan Radin Anum, Bandar Baru Sri Petaling,
　　　　　　57000 Kuala Lumpur, Malaysia.
　　　　　　電話：(603) 90563833　傳真：(603) 90576622
　　　　　　Email: services@cite.my

封 面 設 計／徐璽設計工作室
內 頁 排 版／洪菁穗
印　　　刷／韋懋實業有限公司
經　　　銷／聯合發行股份有限公司
　　　　　　電話：(02)2917-8022　傳真：(02)2911-0053
　　　　　　地址：新北市 231 新店區寶橋路 235 巷 6 弄 6 號 2 樓

■2024 年 6 月 25 日初版　　　　　　　　　　Printed in Taiwan
■2024 年 8 月 15 日初版 2.3 刷
定價 430 元

城邦讀書花園
www.cite.com.tw

※ 線上版回函卡